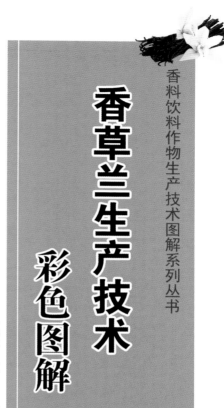

香料饮料作物生产技术图解系列丛书

# 香草兰生产技术

## 彩色图解

赵青云　主编

U0255617

中国农业出版社

北　京

## 图书在版编目（CIP）数据

香草兰生产技术彩色图解 / 赵青云主编 . —北京：中国农业出版社，2020.11
ISBN 978-7-109-27287-3

Ⅰ．①香… Ⅱ．①赵… Ⅲ．①香料作物－栽培技术－图解 Ⅳ．①S573-64

中国版本图书馆CIP数据核字（2020）第170335号

中国农业出版社出版
地址：北京市朝阳区麦子店街18号楼
邮编：100125
责任编辑：石飞华
版式设计：王　晨　责任校对：吴丽婷
印刷：北京通州皇家印刷厂
版次：2020年11月第1版
印次：2020年11月北京第1次印刷
发行：新华书店北京发行所
开本：880mm×1230mm　1/32
印张：5.5
字数：150千字
定价：49.00元

《香草兰生产技术彩色图解》

# 编 者 名 单

主　编　赵青云

副主编　徐　飞　高圣风　邢诒彰

编　者　王　辉　郝朝运　邢诒彰　庄辉发

　　　　吴　刚　高圣风　徐　飞　王　灿

　　　　赵溪竹　赵青云　朱自慧　刘爱勤

本书的编著和出版，得到国家自然科学基金面上项目"光调控内源激素影响香草兰花芽分化的机制"（项目编号31871577），国家自然科学基金青年科学基金项目"高直链菠萝蜜种子淀粉／香草兰精油超分子体系构建及非共价互作机理研究"（项目编号31801499），海南省自然科学基金高层次人才项目"不同抗性品种香草兰根际微生物区系特征及响应尖孢菌入侵研究"（项目编号2019RC324），中国热带农业科学院基本科研业务费专项"抗病品种香草兰根际功能微生物资源挖掘及其抑病能力研究"（项目编号1630142020019）、"香草兰 可可绿色高效种植技术研究"（项目编号1630142017011）、"香草兰 胡椒 可可高效施肥技术研究与示范"（项目编号1630142017013）、"香草兰 胡椒 可可主要病害绿色高效综合防控"（项目编号1630142018015）、中央专项彩票公益金支持未成年人校外教育教育项目（保障与提升项目——研学实践基地）等经费资助。

# 前　言

香草兰（*Vanilla planifolia* Andrews），又名香荚兰、香子兰、香果兰、华尼拉，原产于墨西哥东南部、西印度群岛和南美洲北部的热带雨林中，为兰科多年生热带藤本攀缘植物，享有"天然食品香料之王"誉称，广泛应用于食品和化妆品行业，用途广泛，附加值高。世界香草兰种植面积约9万公顷，年产豆荚7 500吨，产品在国际市场供不应求。

我国自20世纪60年代初期从国外引种香草兰在海南儋州试种，后来在福建厦门、云南西双版纳地区试种成功，但当时并未推广种植，也未开展香草兰产业技术研究。1983年，受国家轻工业部门委托，兴隆试验站（今中国热带农业科学院香料饮料研究所）从斯里兰卡引种香草兰，1986年成功开花结果。自此，中国热带农业科学院香料饮料研究所建立国内首家香草兰研究中心，开始进行香草兰产业化配套技术研究。首创香草兰设施栽培模式，配套研发种蔓假植育苗、签拨指压授粉、果荚防落等关键技术，平均单产达世界主产国的1.6倍以上；研发了单元式热空气发酵生香、复合配香、有效成分萃取分离与定向纯化等加工技术，并配套研制了专用设备，开发香草兰系列科技产品20余种，开启了香草兰产业在我国发展的新篇章。

　　本书总结归纳了中国热带农业科学院香料饮料研究所多年的实践经验，主要介绍香草兰起源与传播、生物学特性、种苗繁育、种植管理和产品加工技术等，图文并茂，实用操作性和科普性强，可供广大香草兰从业者和科普教育者查阅使用。

　　本书由赵青云主编，徐飞、高圣风、邢诒彰副主编，赵青云负责第一章，赵青云、吴刚、郝朝运负责第二章，邢诒彰负责第三章，王辉、赵青云、庄辉发、朱自慧、赵溪竹、王灿负责第四章，高圣风、刘爱勤负责第五章，徐飞负责第六章。在编审过程中，得到中国热带农业科学院香料饮料研究所宋应辉研究员等同志给予的无私帮助，在此谨致诚挚的谢意！由于水平所限，难免有疏漏之处，恳请读者批评指正。

编　者

2020年8月

# 目　录

# 第一章

# 概　述

## 一、起源与传播

　　香草兰（*Vanilla planifolia* Andrews），起源于墨西哥东南部、西印度群岛和南美洲北部的热带雨林中。早在15世纪，雨林中生活着的印第安部落托托纳克人就开始尝试使用香草兰。当时，

托托纳克人祭祀

1

托托纳克人将香草兰和玉米、可可一样赋予了宗教意义。在印第安部落祭祀神灵时，祭师们会将香草兰豆荚磨碎后燃烧，使整个庙宇充满香气。

　　1519年，墨西哥阿兹特克人的首领蒙提祖马二世用当地上等的饮品香草可可盛情款待了西班牙探险家埃尔南·科尔特斯。探险船队一面为它的味道而震惊，一面举起了武器。在之后的时间里，这些远道而来的"贵客"将当地原住民帝国变成了西班牙殖民地。1585年，西班牙官方首次将可可从墨西哥的韦拉克鲁斯运到了西班牙的塞维利亚，并且在当地加工可可时新添加了香草兰。

原住民首领热情款待探险船员

在17世纪初的欧洲，香草兰仅仅被认为是调制可可食品的香料。当香草兰从西班牙传到法国、意大利和英国的上流社会后，这种看法很快发生了变化。1602年，伊丽莎白女王的药剂师和糕点师向女王建议将香草兰单独作为香料，从此女王的后半生就恋上了以香草兰为香料的甜品。在意大利，香草兰也同样受到广泛欢迎，意大利人创造了独特的茉莉口味香草可可饮料。17世纪末，法国人变得比其他欧洲人更热衷香草兰。18世纪初，香草兰成为法国贵族美味冰激凌和清凉果汁饮料中必不可少的香料。到了18世纪50年代，法国巴黎街头一年四季都能买到香草兰冰激凌，以香草兰为香料烘焙的面包和糕点也成为富人的最爱。与此同时，法国人还将香草兰扩展到香水行业，香草兰气味的香水和香丸受到贵族的普遍欢迎，甚至连烟草和鼻烟中也有着强烈的香草兰气息。

授粉男童

随着香草兰在世界上越来越受欢迎，需求量也越来越大。1520年，托托纳克人建造了帕潘特拉城，1743年，这座城市发展成为香草兰贸易中心，也以"让世界充满香气的城市"而闻名于世。1759年，欧洲人开始尝试种植香草兰，但当时没有人工授粉技术，产量极低。直到1841年，留尼汪群岛12岁的奴工Edmond Albius发明了用削尖的竹片为香草兰花授粉的方法。从此，香草兰产量大幅提升，开启了人们对它的疯狂热爱与追捧。

目前，香草兰广泛分布于热带亚热带国家和地区，主要在南纬25°与北纬25°之间、海拔700米以下地带。主要生产地区有马达加斯加、科摩罗、留尼汪、瓜德罗普、墨西哥和印度尼西亚，此外塞舌尔、毛里求斯、波多黎各、斯里兰卡、塔希提、汤加、乌干达、印度喀拉拉邦等地也有少量栽培。

在我国，香草兰作为特色热带香料作物，主要在海南东南部地区种植，云南的西双版纳、广东的广州、福建的厦门等地也有零星栽培。

## 二、生产和贸易情况

据联合国粮食及农业组织（FAO）统计，世界香草兰总种植面积9.6万公顷，以马达加斯加和印度尼西亚种植面积最大，占全世界85%以上。总产量在2009年达到1万吨，之后稳定在7 500吨左右。世界香草兰年进出口总量2 000～3 000吨。

我国自20世纪60年代开始引种试种香草兰。1960年引种至福建，1962年引种至海南儋州，1983年引种至海南兴隆，1986年成功结荚。随后在海南、云南、广东、福建等热带亚热带地区推广种植。随着人民生活水平的提高，对香草兰的需求量逐年增加，90%以上依赖进口。

## 三、主要成分与用途

香草兰豆荚经发酵生香后可产生250多种活性成分，主要挥发性香气成分有香草醛（香兰素）、香草酸、4-羟基苯甲醛和4-羟基苯甲酸等。

加工后的香草兰豆荚可研磨成粉作家用调香料，也可提取香兰素直接使用，或制成酊剂、精油，广泛应用于高档食品和化妆品行业，调制高级香烟、名酒、茶叶、蛋糕、糖果、饮料、冰激凌、香水、护肤品等。香草兰还是天然药材，具有补肾、健胃、消胀、健脾之功效，可用于制造芳香型神经系统兴奋剂和补肾药，已被纳入欧美国家药典中。

**本章要点回顾**

1. 香草兰起源于哪里？
2. 香草兰主要产于哪些国家和地区？
3. 我国什么时间成功引种香草兰？
4. 香草兰主要香气成分有哪些？
5. 香草兰主要用途有哪些？

# 第二章

# 生物学特性

香草兰为热带雨林藤本植物，最适宜生长在月平均气温25～29℃、日平均光照6.8～7.0小时、空气相对湿度80%、荫蔽度50%～70%、土壤pH6.0～7.0且通透性良好的缓坡地。

香草兰的经济寿命与自然环境条件和抚育管理水平有关。在常规栽培条件下，香草兰植后2.5～3年开花结果，5～6年进入盛产期。

## 第一节　形态特征

### 一、根

香草兰的根分为地下根和气生根两种。地下根水平分布在地表以下0～5厘米土壤范围内，主要作用是吸收水分和养分。气生根从每个蔓节的叶腋对侧长出，用于缠绕支柱物（或攀缘树），起固定茎蔓使其易于向上攀缘的作用。

### 二、茎蔓

香草兰茎蔓浓绿色，圆柱形，肉质，多节，具有较强的再生能力。原蔓断顶20～25天后，腋芽便发育抽出新蔓。

地下根

气生根

茎 蔓

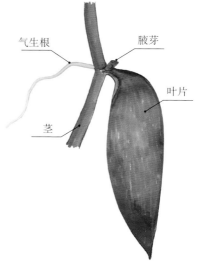

气生根　　腋芽

叶片

茎

## 三、叶

香草兰的叶为单叶，互生，肉质，浓绿色，长椭圆形或披针形，长 8.0 ～ 24.0 厘米，宽 2.0 ～ 8.0 厘米，叶脉平行不明显，几乎无叶柄。

叶 片

## 四、花

香草兰雌雄同花，总状花序，花浅黄绿色，盛开的花朵略有清香。蕊柱为合蕊柱，由雄蕊的花丝和雌蕊的花柱愈合而成。蕊喙是一个雌蕊变异而成的器官，拱盖在柱头上面，形如牙齿，薄而黏，每一朵花的子房基部有一枚略呈三角形的凹状苞片，苞片对幼小花芽和幼嫩花蕾起保护作用。

花 序

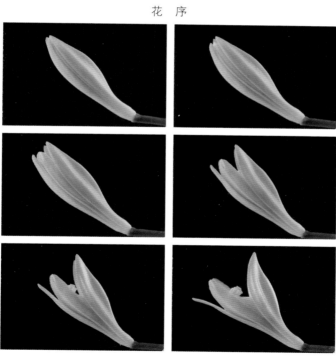

花开过程

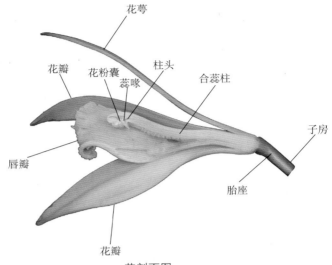

花剖面图

盛开的香草兰花

## 五、果荚

香草兰果实为开裂蒴果，长10～25厘米，直径0.5～1.5厘米，呈弧状，形似豆荚，故称为香草兰果荚或香草兰豆荚。种子黑色，细小，略呈圆形，平均长0.31毫米，宽0.26毫米。每条果荚有几百到几万粒种子。

果 荚　　　　　　　　　　果荚横切面

## 第二节　开花结果习性

### 一、根系生长特性

　　香草兰为浅根系植物，对旱、寒等不良条件的抵抗力较弱，易染病，引起断根烂蔓。根系发达完整的植株，茎蔓粗壮，叶大而浓绿，植株长势强。创造适宜根系生长的环境条件，促进根系健康生长，是争取香草兰速生高产、延长经济寿命的重要措施之一。

### 二、茎蔓生长特性

　　香草兰植后1个月开始萌芽，茎蔓周年均可生长，但冬季低温期生长缓慢，年生长量可达7～9米。日均温低于10℃，嫩蔓易产生寒害。

### 三、叶片生长特性

香草兰叶片从叶芽到老熟约需30天，低温干旱期平均需40天以上，高温多雨季节平均需28天。

### 四、开花与结荚特性

#### 1.开花物候期

海南地区，1月上旬至2月中（下）旬为香草兰花芽萌发期；2月下旬至3月中旬为显蕾期；3月中下旬为初花期；4月为盛花期；5月为末花期。

#### 2.开花特性

香草兰花芽刚萌发时类似营养芽，但芽尖较饱满，大部分着生于较粗壮的当年生茎蔓上；在一条茎蔓上能同时抽生1～30个花序，每一花序有7～24朵小花。花序上的小花由基部自下而上顺序开放，每个花序每天同时开放的小花一般只有1～3朵。花朵全开放时间一般在上午6：00～9：00，花被在当天11：00开始闭合。

#### 3.影响授粉成功率的因素

影响香草兰授粉成功率的主要因素是授粉时间。最佳授粉时间为当天上午6：30～10：30。天气状况与授粉成功率也有关系，晴天和阴天授粉最好，连续小雨对授粉影响较大。

#### 4.结荚特性

授粉2天后，授粉成功的花朵子房扭转180°朝下生长，花被仍附着在子房上；授粉失败的花朵子房仍朝上，花被凋萎脱落。

授粉成功后，子房朝下生长

授粉未成功，子房仍朝上生长

迅速生长的香草兰果荚

授粉成功后35天以内果荚迅速增大，长度和厚度都明显增加，45天后果荚停止继续生长而趋向稳定，以后逐渐转入发育成熟阶段。

**本章要点回顾**

1. 香草兰根系分哪几种？作用分别是什么？
2. 香草兰在海南地区每年几月份开花？花结构有何特点？
3. 香草兰为什么需要人工授粉？最佳授粉时间是什么时候？
4. 影响香草兰花授粉成功率的因素有哪些？
5. 如何判断香草兰花授粉是否成功？

# 第三章

## 种苗繁育技术

香草兰种苗繁育方法分为有性繁殖和无性繁殖。香草兰种子细小，本身无法储存养分，自然条件下种子很少萌芽，从种皮破裂到形成叶原基需要150天以上。因此，有性繁殖主要用于杂交育种培育新品种，生产上常用无性繁殖繁育种苗。

无性繁殖是挑选长势优良母株的茎蔓、叶芽、花等组织或器官繁育种苗。用此法繁育的种苗遗传背景单一，能保持母株优良性状（如高产、优质、抗性强等性状），且耗时短。

## 第一节　苗床扦插育苗

### 一、育苗圃建立

#### 1. 育苗地选择

宜选背风向阳、土质疏松、排水良好、有机质含量丰富的缓坡地或平地，忌选黏土。

#### 2. 苗床建立

（1）苗圃上方架设荫蔽度为60%～70%的遮阳网。

（2）苗床宽0.8～1.0米，高15～20厘米。

（3）用石灰或碱性调理剂将苗床土壤pH调节至6.5～7.0，并撒一层腐熟有机肥，与地表10厘米厚的土壤混匀。

（4）覆盖5厘米厚的腐熟椰糠或其他疏松透气的覆盖物。

## 二、母蔓选择

### 1.选母蔓

选取增殖圃中1～3年内新抽生且尚未开花结荚的茎蔓作为母蔓。

选母蔓

### 2.割蔓

割取生长健壮母蔓，去除尾部2个节，分割成40～60厘米的若干节。

割　蔓

## 三、母蔓处理

### 1.消毒

在母蔓切口处涂抹石灰粉，并喷施多菌灵可湿性粉剂500倍液（或其他广谱性杀菌剂）消毒。

母蔓切口消毒

## 2. 阴干

切割后的母蔓平铺于阴凉处阴干3天以上，以降低感病率。

母蔓平铺阴干

## 四、育苗

### 1.育苗时间

低温不利于香草兰种苗生根发芽，海南省宜选择4～10月，云南、广东、福建等地区宜选择5～9月。

香草兰种苗繁育圃

### 2.育苗方法

用细棍划开畦面上椰糠等覆盖物成一条深2 ~ 3厘米的浅沟，将茎蔓平放于浅沟内。茎节处覆盖1 ~ 2厘米厚的椰糠，两端及叶片露出。第二天淋水，保持表土和椰糠湿润。

茎蔓平放浅沟内

茎节处覆盖椰糠

## 五、苗圃管理

### 1.水肥管理

晴天每天淋水1次，保持椰糠和5厘米表土湿润，茎蔓7～15天抽生出新根和嫩芽，新抽茎蔓展叶2～3片后每月淋施2～3次0.5%复合肥（N∶$P_2O_5$∶$K_2O$＝15∶15∶15）。

### 2.病虫害防控

每隔3～4天检查一次病害。发现病叶、病蔓及时带出苗圃清除，如发现种苗病害过多需喷杀菌剂。

### 3.出圃

当新抽生茎蔓长至20～30厘米，新蔓健康强壮便可出圃定植。出圃苗要轻拿轻放，避免茎节损伤。

采用苗床扦插繁育的种苗较袋装苗所需的开花结果周期短，但不利于运输。

可出圃种苗

## 第二节　袋装育苗

### 一、扦插苗选择

割取增殖圃中1～3年内新抽生且尚未开花结荚的茎蔓，将其分割成带有1～2个茎节的若干段。

### 二、扦插苗处理

在插条苗伤口处涂抹石灰，并喷施多菌灵可湿性粉剂500倍液或其他广谱性杀菌剂消毒，置于阴凉处阴干。

分割成若干段的扦插苗

## 三、育苗袋选择

采用营养袋育苗，口径10 ~ 15厘米，高20 ~ 30厘米。袋子底部需留有排水孔。

## 四、育苗基质调配

育苗基质可由营养土、陶粒、草炭、椰糠、珍珠岩、粗河沙、蛭石等搭配而成。要求透气透水性良好，pH6.0 ~ 7.0。

育苗基质

## 五、装袋

（1）将扦插苗垂直放入育苗袋，并填入育苗基质。

（2）采用洒水桶等均匀淋足定根水。

扦插苗装袋

淋定根水

## 六、日常管理

　　视基质湿润程度适时淋水，水呈细雾状。不宜在低温及高温情况下喷水，早晨和傍晚为宜。每隔3～4天检查一次病害。发现病叶及时清除，如发现嫩梢有虫害需喷杀虫药。

## 七、出圃

扦插苗长出新根、萌发嫩芽、生长稳定即可出圃种植，一般需45 ~ 60天。

用此方法繁育的种苗便于运输，且在种植过程中不易伤苗。

出圃袋装苗

**本章要点回顾**

1.香草兰常用的育苗方法有哪些? 分别有什么优势和劣势?

2.育苗圃建立有哪些要求?

3.母蔓选取标准及处理方法是什么?

4.苗圃育苗日常管理有哪些要求?

5.袋装苗出圃标准是什么?

# 第四章

# 种植技术

## 第一节 园地选择及规划

### 一、园地选择、开垦与规划

#### 1.园地选择

香草兰种植园需建立在年均气温不低于23℃、最冷月平均气温不低于17℃、近水源、排水良好、地下水位距地表1米以上、有良好防风屏障及坡度10°以下的缓坡地或平地；土壤通透性好，pH6.0 ~ 7.0的沙壤土、沙砾土、砖红壤或沉积土。

园地选择

## 2.园地开垦

开垦深度在50厘米以上，在此深度内有明显障碍层（网纹层或犁底层）的土壤要深翻破除并清理干净，平整土地晾晒后可起垄。

平整土地

## 3.种植园规划

（1）防护林

在较空旷地建立香草兰种植园必须设置防护林，每2公顷设主防风林带，每0.5公顷设副防风林带，可设计成"田"字形，使种植园内形成静风多湿的优良小环境。

（2）灌溉及排水系统

园内需设置节水灌溉和排水系统。灌溉系统以雾状喷灌为宜，以满足旱季香草兰对水分的需求；园内除设主排水沟外，还应每0.2～0.3公顷作为一小区，区间设置排水沟，并与主排水沟相通，保证雨季排水畅通，以免积水烂根。

（3）园内道路

可根据种植园实际地形及大小设置道路系统，包括主道、支道、步行道和地头道。种植园与四周荒山陡坡、林地及农田交界处应设置隔离沟。

种植园规划图

灌溉系统

道路系统

排水系统

## 第二节 种植模式及定植

我国香草兰宜植区主要有人工荫棚设施栽培和林下复合栽培两种模式。

### 一、人工荫棚设施栽培 ◇

#### 1.荫棚系统设置

主体棚架系统由棚架支架和攀缘柱等组成。攀缘柱可用石柱、水泥柱或木柱。

在海南香草兰植区棚架高度2.0米较为适宜，为便于授粉操作及田间管理，攀缘柱不宜过高，一般以露出地面1.2～1.4米为宜。攀缘柱间距及行距为1.2米×1.8米。3.6米×3.6米处

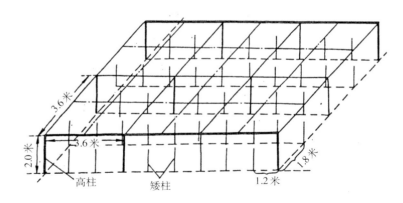

棚架结构示意图

为棚架支柱（高柱），即隔2个攀缘柱及1行攀缘柱设一棚架支柱，棚架支柱的规格为（12～15）厘米×（10～12）厘米×（260～280）厘米（长×宽×高），入土深度为60～80厘米。普通攀缘柱（矮柱）规格为（10～12）厘米×（8～10）厘米×（160～180）厘米，入土深40厘米。

## 2.植前准备

（1）深翻土地，风化，耙碎，清理杂草杂物。

深翻后的土地

（2）起畦，畦面龟背形，宽80厘米，高15～20厘米，走向与攀缘柱行向一致，攀缘柱在畦面中央。

起　畦

（3）畦面撒施腐熟有机肥，与土层混合均匀。

（4）畦面投放腐熟椰糠（或用杂草、枯枝落叶等替代），摊匀。

（5）畦面周围可用椰壳遮挡，防止雨水冲刷畦面。

待定植香草兰的畦面

### 3.定植

在海南，定植时间以4～5月、日均温20℃以上时为宜。

定植时，在攀缘柱左右两边各划一条深2～3厘米的浅沟，将苗平放于浅沟内，在茎节处盖上1～2厘米厚覆盖物。苗顶端指向攀缘柱，整理叶片和切口，使其从覆盖物中露出来。茎蔓顶端用细绳轻轻固定于攀缘柱上。定植完成后淋定根水。

苗平放于畦面，盖覆盖物

用细绳固定茎蔓

规范种植的香草兰园

## 二、林下复合栽培 ◆

### 1.林木选择

林下复合种植，可为香草兰提供湿润且光照条件适宜的生长环境，提高自然资源利用率，减少生产投入成本。

林木宜选择耐修剪、根系深直、粗壮、分枝低矮疏散、病虫害不与香草兰病虫害相互侵染的树种。如槟榔、龙眼、油棕、蛋黄果、荔枝、菠萝蜜、莲雾等。

国外常用的荫蔽树种有木麻黄、麻风树、甜荚树、番石榴、银合欢、芒果、菠萝蜜、刺桐、龙血树、毒鼠豆树、甜橙等，也有在次生林下种植。

### 2.定植

林下种植可分为行上种植和行间种植。

不分枝树种，如槟榔、椰子等，行上种植时应在行上起畦，林木在畦面中间，走向与林木行向一致，并在林木之间引拉攀缘线。

有分枝树种，如甜荚树、龙眼、银合欢等，可直接将香草兰盘绕于树干分枝上。

槟榔林下种植香草兰

甜荚树下种植香草兰

龙眼树下种植香草兰

# 第三节 田间管理

## 一、土壤管理

　　香草兰适宜在微酸性至中性土壤生长。酸性土壤可采用石灰或土壤调理剂调节pH至中性。碱性土壤可采用硫酸铵、氯化铵等生理酸性肥料或硝基腐殖酸调节至适宜的范围。

撒施石灰至畦面调节土壤酸碱度

## 二、水肥管理 ◆

### 1. 基肥

（1）定植前

将腐熟的有机肥均匀薄撒于整理好的畦面，并与10厘米厚的土层混匀。

撒施有机肥

（2）幼龄园

1 ～ 3龄香草兰种植园，每年施用1次腐熟的有机肥，薄撒畦面，每公顷用量7.5 ～ 15.0吨。

薄撒有机肥

（3）成龄园

开花结荚的香草兰种植园即为成龄园，一般3龄以上，每年施用腐熟的有机肥2次，薄撒畦面，每公顷每次用量7.5 ～ 15.0吨。

### 2.追肥

（1）施肥时期及施肥量

幼龄园，每月喷施或淋施0.5%复合肥水溶液和0.5%尿素水溶液1～2次。

成龄园，营养生长期即每年1～3月和7～9月，根据香草兰苗蔓生长情况喷施0.5%复合肥水溶液和0.5%尿素水溶液，每月1次。果荚生长期，即每年4～6月，喷施0.5%复合肥水溶液和0.5%氯化钾或硫酸钾水溶液，每月1～2次。花芽分化前期，即每年10～12月，喷施0.7%复合肥水溶液、0.7%磷酸二氢钾水溶液和1.0%过磷酸钙浸出液，每月2次。

（2）追肥方式

追施化肥一般可通过人工淋施或喷施，但费工费时，劳动强度大，且喷洒不均匀，施肥量难以精准控制，易造成香草兰长势参差不齐，影响花芽分化率和产量。采用水肥一体化措施可避免上述缺点。

水肥一体化设施主要由水源、水肥池、首部系统（动力设备、过滤器、施肥设备、控制阀门、计量设备和安全设备）、管道（硬塑料管、聚乙烯管和连接配件）和喷头（雾化喷头）组成。

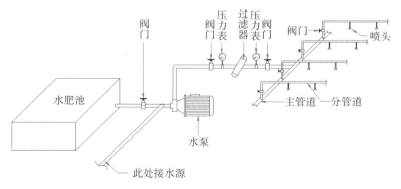

香草兰水肥一体化设施示意图

香草兰园水肥一体化

## 三、引蔓与修剪

### 1.引蔓

茎蔓长到1.0～1.5米时，将其拉成圈吊在横架上或缠绕于铁线上，让其呈环状生长，使茎蔓在横架或铁线上均匀分布且尽量不重叠。林下复合种植模式，香草兰茎蔓缠绕于树干枝杈上，环状生长。

引蔓，使其围绕铁线呈环状生长

引蔓，使其围绕树杈呈环状生长

## 2.修剪

5月上旬剪除成龄香草兰植株侧蔓，一般两条攀缘柱之间保留2～3条相对健壮侧蔓，并在5月中旬对保留的侧蔓进行摘顶。

每年11月底或12月初全面修剪成龄香草兰园，剪除部分上年已开花结荚的老蔓及病弱蔓，摘去茎蔓顶端4～5个茎蔓节，长度为40～50厘米，并将打顶后30～45天内的萌芽及时抹除。

剪除细弱侧蔓

剪除病蔓

打　顶

抹除萌芽

## 四、除草与覆盖

### 1.除草

畔面或畔面周围可保留苔藓类植物、小叶冷水花和卷柏科植物等植被，以避免阳光直晒畔面，保持土壤湿润，还可减少土壤冲刷和养分流失，防止畔面坍塌。

畔面保留苔藓

畔面保留小草

有选择地清除生长繁殖快、根系密集、对香草兰根系营养水分和生长形成竞争的杂草及易感病的杂草。在清除香草兰园内杂草时，需用手拔除，禁用锄头、铁锹等除草工具，以免伤害根系。

垄间可铺设防草布，防止杂草生长。

拔除杂草

垄间铺防草布

畦面周围可用椰壳、限根器等遮挡,以防畦面冲刷塌陷。

遮挡畦面用的椰壳

铺椰壳

椰壳遮挡畦面

限根器遮挡畦面

### 2.覆盖

香草兰对旱、寒等不利条件的抵抗力较弱，应采用椰糠、枯草或经过初步分解的枯枝落叶等进行周年根系覆盖。一般幼龄园每半年增添一次覆盖物，使畦面终年保持3～4厘米厚的覆盖，成龄园在每年花芽分化期后（1月底至2月初）和末花期（5月底至6月初）各进行一次全园覆盖。

畦面覆盖椰糠

## 五、荫蔽树修剪

一般将荫蔽树修剪成伞形，并控制荫蔽树高度在1.5 ～ 2.0米，以便更好地起荫蔽作用和保护茎蔓。

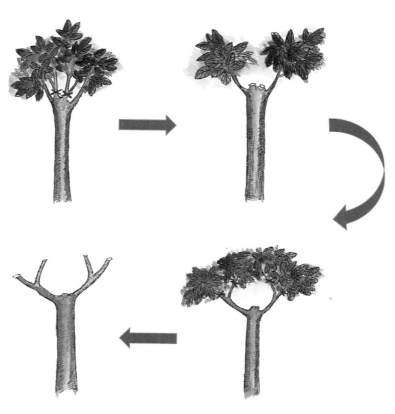

荫蔽树修剪

## 六、人工授粉

### 1.授粉时间

香草兰花在清晨5:00左右开始开放，中午11:00开始闭合，授粉工作应在当天6:00 ~ 12:00完成（最佳授粉时间为当天上午6:30 ~ 10:30）。

### 2.授粉方法

左手中指和无名指夹住花的中下部，右手持授粉用具轻轻挑起唇瓣（蕊喙），再用左手拇指和食指夹住的另一条授粉用具或直接用左手拇指将花粉囊压向柱头，轻轻挤压一下即可。

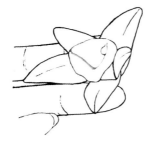

①夹住花的中下部

 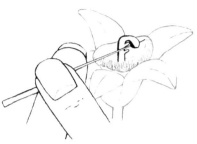

②挑起唇瓣

 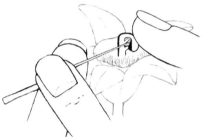

③将花粉囊压向柱头

 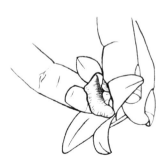

④轻轻挤压

授粉步骤

## 七、控制落荚

（1）单株单条结荚蔓保留 8 ～ 12 个花序，每花序留 8 ～ 10 条果荚，长势较弱的植株宜更少。

（2）在 5 月上旬修剪果穗上方抽生的侧蔓，5 月中旬全面摘顶，有效控制营养生长，保证幼荚生长发育所需养分和水分，降低落荚率。

（3）加强各项田间管理并结合根外追肥，在幼荚发育期（末花期）定期喷施含硼（B）、锌（Zn）、锰（Mn）等微量元素的植物生长调节剂或果荚防落剂；在末花期，每隔 10 天全面喷施 1 次 2, 4-二氯苯氧基乙酸溶液，或 2, 2-二甲基琥珀酰肼，连续喷 3 ～ 4 次。

**本章要点回顾**

1. 什么样的土壤、地形、环境条件适宜建立香草兰种植园？
2. 香草兰种植园规划包括哪些要点？
3. 香草兰定植步骤是什么？有哪些注意事项？
4. 林下复合种植，荫蔽树选择标准是什么？
5. 香草兰日常田间管理措施有哪些？
6. 香草兰花授粉有哪些要点？
7. 香草兰果荚防脱落措施有哪些？

# 第五章

# 病虫害防控

## 第一节 病虫害防控技术总则

### 一、病虫害防控原则

应遵循"预防为主，综合防治"的植保方针，从种植园整个生态系统出发，针对香草兰大田生产过程中主要病虫害发生特点及防治要求，综合考虑影响病虫害发生及危害的各种因素，以区域性植物检疫为前提，以农业防治为基础，协调应用物理防治和化学防治等措施，安全有效地控制病虫害。

### 二、病虫害综合防控技术

#### 1.区域性检疫

遵守植物检疫相关法律法规，不能随意从疫区引种；产地间种苗流通需做好产地检疫，杜绝种苗携带病斑、病菌、害虫、虫卵等有害生物，防止或延缓病虫害人为传播。

## 2.农业防治

利用农业管理手段和栽培技术，创造适宜香草兰生长发育和有益生物生存繁殖而不利于病虫害发生的环境条件。香草兰根（茎）腐病等土传病害严重程度随种植年限增加而逐年上升，轮作能够有效避免或减轻土传病害；也可采取地膜覆盖隔离土壤中的病原菌，在其上覆盖椰糠等作为栽培基质，有效减少病害发生。定期巡视园区，及时发现病害并清除病源能够有效避免或减轻病害。在病害发生初期可以切除发病部位，在伤口处涂抹杀菌剂，并将病残体集中于园外销毁。

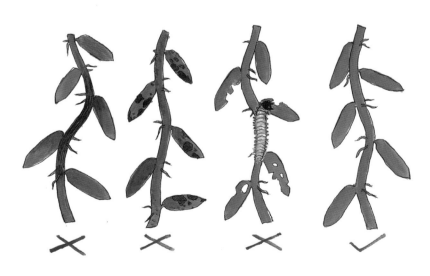

选择健康种苗

地膜覆盖隔离土传病害

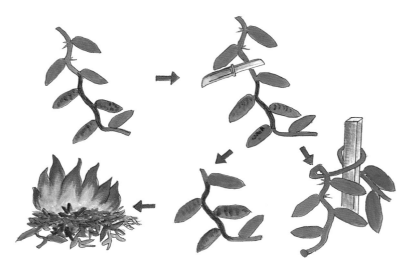

及时清理病枝病叶，消除病源

### 3.物理防治

采用火焰或蒸汽等高温消毒措施处理土壤，能够灭杀土壤及病残体中的细菌、真菌、线虫、昆虫、虫卵等有害生物；使用杀虫灯、粘虫板、信息素等能够针对性诱杀飞蛾、飞虱、蚜虫等害虫。

使用诱虫灯诱杀害虫

### 4. 化学防治

化学防治是国内外种植业应用最广泛的一种病虫害防控手段，具有效果好、见效快、操作简单、适合机械化等优点。化学农药通常对人畜和天敌有害，长期使用易造成抗药性增强、农药残留、环境污染等问题。农药使用时需遵守相关法律法规，尽量选择高效低毒低残留的药剂种类，注意农药使用安全期和间隔期，做好安全防护。

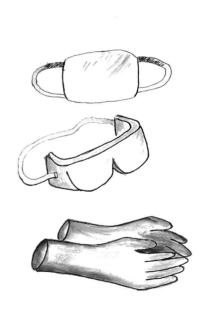

施用农药安全防护用具

香草兰园喷施化学农药

遵守法律法规，选择合法农药

花期停药，避免影响坐果

提前停药，创造采收安全期

5. 生物防治

生物防治是指利用有益生物及其产物防治有害生物，具有绿色、环保特点，符合可持续发展战略，是生产上替代化学农药的重要手段。生防资源包括生防菌、天敌昆虫、植物源农药等，其应用形式包括以虫治虫、以菌治菌、以菌治虫等。在香草兰上可以应用枯草芽孢杆菌、蜡状芽孢杆菌、伯克霍尔德氏菌、木霉菌等根际生防菌调节香草兰根际土壤微生态环境，抑制土壤中病原菌生长繁殖，预防土传病害发生。

以虫治虫

以菌治菌

## 第二节 主要病害及防控技术

### 一、香草兰根（茎）腐病

香草兰根（茎）腐病，亦称枯萎病、蔓枯病、根腐病等，广泛分布于国内外各香草兰种植国家和地区，在中国发病率高达30%～50%。

#### 1.病害症状

香草兰根（茎）腐病主要危害根系和茎蔓，造成部分茎蔓萎蔫或全株枯萎。根系感病初期呈水渍状褐变，后期失水皱缩干枯，造成植株生长缓慢、叶片瘦弱甚至失绿黄化、茎蔓变软表皮皱缩等，可导致植株萎蔫死亡。茎蔓上通常在茎节、弯曲等易积水部位感病，病斑呈水渍状、暗绿色、梭形或近椭圆形，后期病斑变灰褐色，失水皱缩、向四周蔓延，甚至环缢茎蔓，造成从染病部位到茎梢部分茎蔓的褪绿、萎蔫。感病根系和茎蔓横切后，可见内部维管束呈褐色。

根部感病症状　　　　　　茎部感病症状

## 2.病原菌

香草兰根（茎）腐病的主要病原菌为尖孢镰刀菌（*Fusarium oxysporium*）。

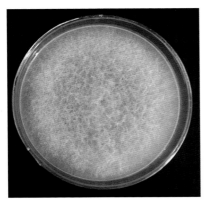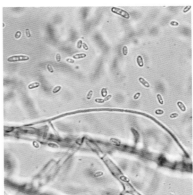

尖孢镰刀菌菌落、菌丝、分生孢子

## 3.发生规律

香草兰根（茎）腐病是典型的土传病害，其发生严重程度随种植年限逐年递增。在中国海南主产区，该病害全年均可发生，在6～10月湿热季节较为严重。病原菌可以在土壤和病残体中存活数年，可以借风雨、灌溉水、农事操作等传播，容易从线虫、昆虫或其他因子造成的伤口侵染，种植过密、植株长势不良、土壤氮磷比过高、土壤pH偏低、土壤通透性差、园内积水、暴晒或过度阴湿、台风等因素均易导致病害暴发流行。

#### 4.防控方法

（1）种植健康种苗。从健康园区剪取插条，浸泡于30%噁霉灵（土菌消）水剂1 000倍液中浸泡5分钟，晾干后在无病史苗圃培育成无病种苗用于种植。

（2）加强田间管理，搞好园区卫生。

> ➢ 园内修建排水、灌溉、遮阴等设施，及时排出田间积水、适度灌溉、控制土壤湿度，防止暴晒
>
> ➢ 加强根系有机物覆盖，调控氮钾肥施用比例、不偏施氮肥，保证植株长势强而不旺，提高植株抗病能力
>
> ➢ 合理控制种植密度，及时整理茎蔓，保持通风透光
>
> ➢ 不宜过量授粉，坐果率过高时需及时摘除过多豆荚，严格控制单株产量，防止植株长势衰退老化
>
> ➢ 定期全园巡视，及时清除感病茎蔓、根，并涂药或喷施农药保护切口；田间劳作时尽量避免人为造成植株伤口

（3）控制土壤中病原菌数量。园内病枝、病蔓集中于园外空旷处销毁，消除田间病害传播源头。多年连续种植、病害发生严重的园区可以轮作其他作物或更换园区。无法轮作或换园的园块可以选择使用蒸汽或火焰全园高温消毒，或者使用棉隆、氯化苦等化学药剂消毒，消毒后的园区建议使用枯草芽孢杆菌、蜡状芽孢杆菌、哈茨木霉等根际益生菌剂（肥），帮助园区重新建立健康的土壤微生态环境。

（4）化学防治。病斑较小（覆盖范围≤1/3茎蔓直径）时，及时用刀具切除感病部分并在伤口涂抹化学药剂防护；病斑较大、发生较为普遍（发病率≥5%）时需清理掉病蔓病株后全园喷施化学药剂防控。可选择以下药剂轮替使用，以避免抗药性产生。

➢ 30%噁霉灵（土菌消）水剂1 000倍液

➢ 45%咪鲜胺水剂2 000倍液

➢ 50%多菌灵可湿性粉剂800倍液

➢ 70%甲基硫菌灵可湿性粉剂1 000倍液

撒熏蒸药剂后深翻40厘米

覆膜熏蒸20 ～ 30天

## 二、香草兰细菌性软腐病

香草兰细菌性软腐病广泛分布于中国海南香草兰植区，发病率一般在15%～30%。

### 1.病害症状

香草兰细菌性软腐病主要危害叶片，有时也可危害茎蔓等其他部位。感病初期，病斑呈水渍状、浅黄褐色、不规则斑点，斑点短期内迅速向四周蔓延；后期叶肉与表皮脱离、水渍状软烂、仅靠表皮支撑，偶尔可见乳白色菌脓流出。

叶片和茎蔓感病症状

### 2.病原菌

香草兰细菌性软腐病病原菌为达坦狄克氏菌（*Dickeya dadantii*），即原分类学上的菊欧文氏杆菌（*Erwinia chrysanthemi*）。

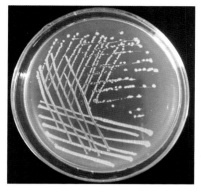 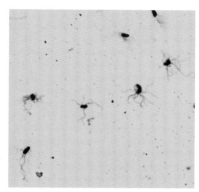

病原菌在PDA培养基上的菌落形态　　病原菌在1 000倍显微镜视野中的形态

### 3.发生规律

病害的侵染源主要为田间病株、病残体和带菌土壤，通常随灌溉流水、雨水迸溅等传播，可通过机械伤口和气孔等自然孔口侵入。该病害在海南周年均可发生，在4～10月湿热多雨季节较为严重，连续降雨过后易出现病害流行高峰。

### 4.防控方法

（1）田间管理尽量减少机械损伤，避免人为产生伤口。

（2）及时检查清除病残体并集中于园外烧毁，同时喷施化学药剂防控。可选择以下药剂轮替使用，以避免抗药性产生。

➢ 500万单位农用链霉素800～1 000倍液

➢ 4%春雷霉素可湿性粉剂1 000倍液

➢ 77%氢氧化铜可湿性粉剂500～800倍液

## 三、香草兰疫病

香草兰疫病在马达加斯加、波多黎各等世界香草兰主产地均有发生，在中国海南和云南植区也多有报道，严重时可造成50%以上的经济损失。

### 1. 病害症状

香草兰疫病主要危害幼嫩蔓梢和近地面的叶片、茎蔓及果荚等。下垂的嫩梢顶端部位最易感病，病斑初期呈水渍状、褐色、不规则病斑，后期迅速向下蔓延至第2～3节，导致前3节黑褐色软腐，病梢下垂。果荚感病后从果蒂部位开始腐烂，后期果荚脱落。湿度大时，在病部可看到白色絮状菌丝。

嫩梢发病症状

幼梢和叶片感病症状

茎蔓感病症状

果荚感病症状

## 2.病原菌

香草兰疫病的病原菌为烟草疫霉（寄生疫霉，*Phytophthora nicotianae*，*Phytophthora parasitica*）。

## 3.发生规律

病原菌主要存活在病残体上，通过流水和雨水进溅传播。该病害在海南全年均可发生，在多雨季节发生较重。

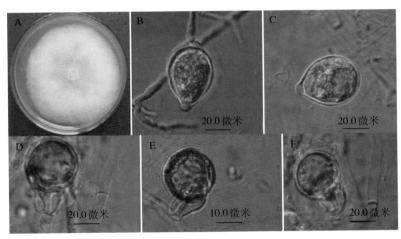

香草兰疫病疫霉菌的形态

A.菌落形态　B～C.孢子囊形态　D～F.藏卵器和雄器形态

### 4.防控方法

（1）培育健康种苗。从无病的健壮植株上选取插条，在无病史苗圃培育无病种苗。

（2）做好防水工作，切断传播途径。建园时修筑排水系统，园内起垄种植，避免积水，防止病菌随流水传播。

（3）做好田间管理。

> 多施有机肥，控制氮肥施用量，适当补充钾肥，防止植株长势过旺

> 合理控制种植密度，及时整理茎蔓，保持通风透光

> 定期全园巡视，及时清除感病茎蔓和根，并涂药或喷施农药保护切口；田间劳作时尽量避免人为造成植株伤口

（4）及时防治。病害发生较多时（发病率≥5%）需清理掉病蔓病株后全园喷施化学药剂防控。可选择以下药剂轮替使用，以避免抗药性产生。

> 1%波尔多液

> 25%甲霜灵可湿性粉剂500倍液

> 50%烯酰吗啉可湿性粉剂800倍液

> 69%烯酰吗啉·锰锌可湿性粉剂800倍液

> 72%精甲霜·锰锌可湿性粉剂800倍液

## 四、香草兰炭疽病

香草兰炭疽病广泛分布于国内外香草兰种植区，通常不会造成严重的经济损失。

### 1. 病害症状

香草兰炭疽病主要危害叶片，偶尔也可危害茎蔓和果荚。病斑近圆形或不规则形，灰褐色或灰白色，通常中央凹陷并散生许多小黑点。病斑边缘带有黑褐色边线，病部后期常破裂形成穿孔。

叶片受害症状

## 2.病原菌

香草兰炭疽病的病原菌为胶孢炭疽菌（*Colletotrichum gloeosporioides* Penz.）。

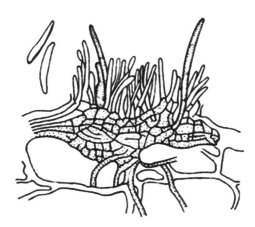

胶孢炭疽病菌分生孢子盘及分生孢子

## 3.发生规律

香草兰炭疽病的病原菌主要在病残体或其他寄主上存活，借助风雨、露水或昆虫传播，可以从伤口和自然孔口侵入。老叶或日光灼伤的叶片容易感病。

## 4.防控方法

通常零星病害无需开展化学防控；发病严重时，需增施肥料壮苗并喷施化学药剂防控。可选择以下药剂轮替使用，以避免抗药性产生。

> ➢ 45%咪鲜胺水剂 2 000 倍液
> ➢ 50%多菌灵 1 000 倍液
> ➢ 75%百菌清 800 倍液

## 第三节 主要虫害及防控技术

### 一、香草兰拟小黄卷蛾

香草兰拟小黄卷蛾（*Tortricidae* sp.），属鳞翅目卷蛾科。

#### 1.形态特征

成虫：体长7～9毫米，翅展15毫米，头胸部暗褐色，腹部灰褐色；前翅长而宽，展开呈长方形，合起呈钟状；后翅浅褐至灰褐色。

卵：椭圆形，常排列成鱼鳞状块，初淡黄，渐变深黄，孵化前黑色。

幼虫：老熟幼虫体长10～12毫米，体色多为淡黄至黄绿色，头部、前胸盾、胸足均为褐色至黑褐色。

蛹：纺锤形，长6～8毫米，宽2～2.5毫米，黄褐色。

幼虫

蛹

成虫

香草兰拟小黄卷蛾

## 2.发生规律

拟小黄卷蛾以低龄幼虫钻入香草兰生长点及其未展开的叶片间危害；高龄幼虫在花序、嫩梢上结网危害，嫩梢受害后不能正常生长，严重时可导致梢枯。

花序受害状　　　　　　　　嫩梢受害状

## 3.防控方法

（1）加强栽培管理和田间巡查，发现被害嫩梢应及时处理；不宜在种植园周边栽种甘薯、铁刀木、变叶木等寄主植物，减少虫源。

（2）每年9月中旬和12月中旬，虫口数量较多时，可开展化学药剂防治。可选择以下药剂轮替使用，以避免抗药性产生。

> ➤ 4.5%高效氯氰菊酯乳油1 000 ~ 2 000倍液
> ➤ 1.8%阿维菌素乳油1 000 ~ 2 000倍液

## 二、茶角盲蝽

茶角盲蝽（*Helopeltis theivora* Waterhouse），又名茶刺盲蝽、腰果角盲蝽，属半翅目盲蝽科。

### 1.形态特征

成虫：雌成虫体长6.2～7.0毫米，体宽1.5毫米；雄成虫虫体较雌成虫小。虫体淡黄褐色至黄褐色，头部黑褐色或褐色。复眼球形，向两侧突出，黑褐色。触角细长，约为体长的2倍。中胸小盾片中央有一细长的杆状突起，突起的末端较膨大。

卵：似圆筒形，长0.7毫米，宽0.2毫米，卵盖两侧各具一条丝状呼吸突。卵初产时白色，后渐转为淡黄色，临孵化时橘红色。

若虫：共5龄。初孵若虫橘红色，小盾片无突起，2龄后体色逐渐变为土黄，小盾片逐渐突起。复眼也由最初的橘红色变为黑褐色，3龄后翅芽开始明显，足细长善爬行。

成虫

卵

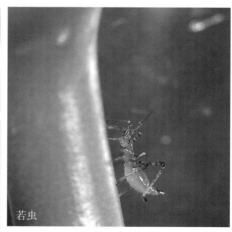

若虫

茶角盲蝽

### 2.发生规律

该虫危害香草兰嫩叶、嫩梢、花、幼果荚及气生根。以成虫、若虫刺吸幼嫩组织的汁液，致使被害后的嫩叶、嫩梢及幼果荚凋萎、皱缩、干枯。中后期被害部位表面呈现黑褐色斑块，由于失水最后产生硬疤。严重影响植株的生长和产量。该虫不危害老叶和茎蔓。

该虫的发生与温湿度、荫蔽度、栽培管理关系密切。每年4～5月和9～10月为发生高峰期。栽培管理不当、园中杂草不及时清除、周围防护林种植过密、寄主范围多的种植园虫口密度大，危害较重。

嫩梢受害症状

幼果荚受害症状

### 3.防控方法

（1）加强田间管理，及时清除园中杂草和周边寄主植物，减少盲蝽的繁殖滋生场所。

（2）重点抓好每年3～5月香草兰开花期和虫口密度较大时开展化学药剂防治。可选择以下药剂轮替使用，以避免抗药性产生。

> ➢ 20%氰戊菊酯乳油2 000倍液
> ➢ 1.8%阿维菌素乳油2 000倍液
> ➢ 50%杀螟松乳油1 500倍液
> ➢ 50%马拉硫磷乳油1 500倍液

**本章要点回顾**

1.我国病虫害防控的植保方针是什么？
2.香草兰病虫害综合防控技术包含哪几种类型？
3.香草兰主要病害有哪几种？如何防控？
4.香草兰主要虫害有哪几种？如何防控？
5.使用化学农药时需要注意哪些事项？

# 第六章

# 收获与加工

## 第一节 收 获

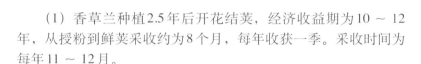

**一、鲜荚采摘**

（1）香草兰种植2.5年后开花结荚，经济收益期为10 ～ 12年，从授粉到鲜荚采收约为8个月，每年收获一季。采收时间为每年11 ～ 12月。

（2）鲜荚颜色的变化是确定采收的主要依据。豆荚颜色从深绿色转为浅绿、豆荚末端略见微黄，蒴果饱满、结实，种子黑而密。豆荚成熟季每周采收1 ～ 2次，采收时间一般持续2个月。采摘豆荚时，剔除病荚、坏荚。

（3）用小刀或剪刀将成熟鲜荚采下或用一只手握住花序轴，另一只手握住豆荚靠近花序梗轻轻提起。装、倒时须轻放轻取，避免鲜荚表皮机械损伤导致病原菌感染。采收时应避免伤及其余未成熟鲜荚。

（4）过早采摘的鲜荚中葡萄糖香兰素较少，加工后香兰素含量少且香味淡；过熟采摘的鲜荚容易开裂，种子易丢失，影响加工产品质量，感官效果差。

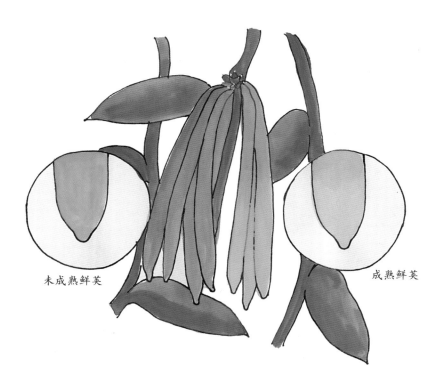

未成熟鲜荚　　　　　　　　　　　　　　成熟鲜荚

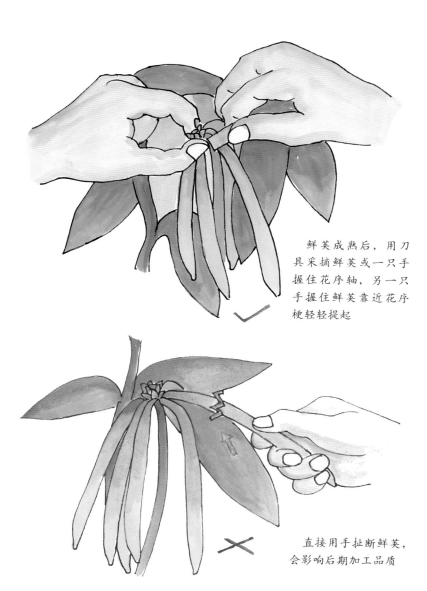

鲜荚成熟后，用刀具采摘鲜荚或一只手握住花序轴，另一只手握住鲜荚靠近花序梗轻轻提起

直接用手扯断鲜荚，会影响后期加工品质

香草兰鲜荚采收方法

## 二、鲜荚分级

（1）香草兰鲜荚当天采收当天分级加工，不可暴晒，以免鲜荚开裂影响品质。

（2）用有盖的竹、藤制的筐或塑料筐按照鲜荚大小、成熟度进行分级，以方便后续加工和确保品质。

（3）香草兰鲜荚分为1级、2级、3级、4级。分级标准为：1级≥16厘米，完整未裂，粗细均匀；14厘米≤2级<16厘米，完整未裂、粗细均匀；12厘米≤3级<14厘米，完整未裂，粗细均匀；4级为12厘米以下发育正常的断裂鲜荚及误摘嫩荚。

（4）剔除染病豆荚或机械损伤严重的鲜荚。

（5）当天不能加工完的鲜荚需堆放或摊开置于通风阴凉处，或放入冷藏箱。

剔除染病豆荚或机械损伤严重豆荚

分级好的香草兰鲜荚

适宜加工鲜荚

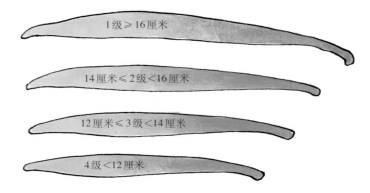

1级≥16厘米

14厘米≤2级<16厘米

12厘米≤3级<14厘米

4级<12厘米

不适宜加工鲜荚

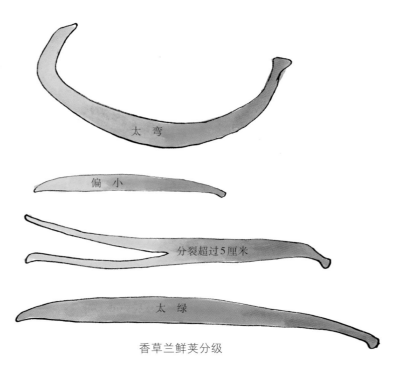

太弯

偏小

分裂超过5厘米

太绿

香草兰鲜荚分级

## 第二节　鲜荚初加工

**一、香草兰生香原理**

　　成熟的香草兰鲜荚无香味，经杀青、酶促、干燥、陈化，豆荚细胞结构被破坏，促使多种糖苷前体等风味物质与各种催化酶接触发生酶促、脱水、酯化、醚化、氧化等化学反应，生成香兰素等风味物质。

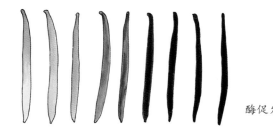

酶促发酵

葡萄糖香兰素 ————— +酶／催化剂+热+湿度+时间 ————→ =葡萄糖+香兰素

迷人的香味

香草兰生香原理

## 二、香草兰初加工

### 1.杀青——抑制或减弱鲜荚的生命活力阶段

（1）采用热水、日晒、烤箱、割划、冷冻等加工方法进行杀青，破坏细胞膜，中断细胞呼吸功能。

（2）推荐用热水杀青，能迅速破坏鲜荚果皮组织结构，诱导酶促反应，同时也具有杀菌作用，去除青草味，利于豆荚发酵、熟化调理和储藏阶段生香。

（3）将清洗好的鲜荚置于敞口圆篮、网篓、布袋等器物中（利于清洗杀青），浸入65℃±3℃的恒温热水中，根据鲜荚大小处理2～3分钟即可取出，滤干水。

（4）忌温度过高或时间过长破坏酶活性，以免鲜荚颜色加深、稀软、后期易霉变等；也防止低温杀青不足，影响豆荚商品感观、色泽及香气质量。

①鲜荚分级后堆放好

②平底锅内加水并加热至65℃

③加入鲜荚

④杀青3分钟

香草兰鲜荚杀青

### 2.酶促——发酵或发汗阶段

（1）发酵是通过提供豆荚酶促化学反应的适宜条件，促进豆荚内糖苷分解产生各类芳香物质，形成香草兰豆荚特有的香气和色泽。

（2）将杀青完毕的香草兰鲜荚迅速沥干或擦干表面水分，趁热放置在垫有毛巾或纱布的发酵盘中，摊开再加盖毛巾或纱布，确保豆荚水分及其发酵所需湿度。堆放不宜过厚。

（3）在50℃±5℃下每天保温发酵5～6小时，第二天打开毛巾或纱布，擦去豆荚表面水分，再盖上毛巾或纱布，启动加热。发酵5天左右，豆荚变成黑褐色，柔软即可。

托盘上平铺毛巾

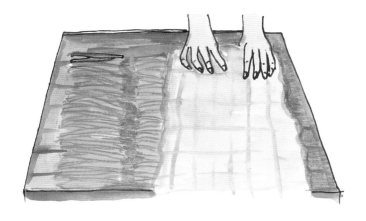

豆荚平铺于托盘中，加盖毛巾或纱布

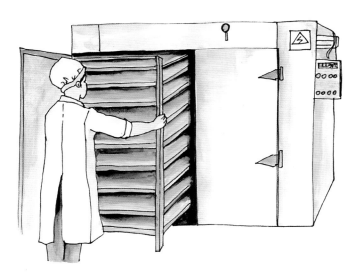

置入45 ~ 55℃单元式热空气发酵箱发酵

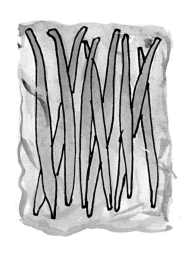

杀青后的鲜荚

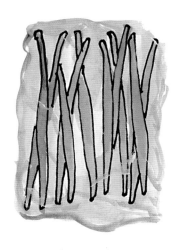

发酵24小时后的豆荚

发酵48小时后的豆荚

### 3.干燥——缓慢干燥阶段

（1）豆荚干燥是应用传热介质将含水量过高的豆荚慢慢脱水，经过一系列复杂的化学变化，产生各种芳香成分。可采用太阳干燥或烘干设备干燥。

（2）完成发酵工序的豆荚含水量约为70%，需快速干燥降低豆荚含水量。

（3）除去包裹豆荚的毛巾、纱布等，将豆荚移至玻璃纤维晾干房内，置于晾干架上，堆放厚度不超过10厘米，2～3天检查翻动一次豆荚。晾干期一般2～4周，豆荚含水量20%～30%，手摸柔软，眼看充分皱缩，出现均匀的皱条纹即可。

（4）必须严格控制好豆荚干燥的含水量，方可进入陈化生香工序。若含水量过低，后期生香不足；过高，则后期霉变严重。

豆荚发酵后平铺于晾晒架上，2～3天翻晾1次

香草兰豆荚干燥

## 4.陈化生香——成品调理阶段

（1）陈化生香目的是使豆荚后熟，发生酯化、醚化、氧化降解等化学反应，产生挥发性芳香成分，避免产品霉变酸败。

（2）将干燥好的同级半成品捆成100～150克/捆，消毒杀菌处理，装袋密封。

（3）将袋装香草兰豆荚置于干净、完好、不透气的储存容器（如有盖的锡桶、箱或马口铁桶）中，密封储藏4～6个月，陈化后熟。

放入容器，陈化生香4～6个月

香草兰豆荚陈化生香

## 三、包装储藏

（1）加工好的豆荚按级别分装入储存容器（如有盖的锡桶、箱或马口铁桶），保证豆荚含水量在30%以下。

（2）储藏仓库内温度22℃、相对湿度70%效果最佳。

（3）豆荚取出或转移动作要轻，不要损伤豆荚表皮。

（4）储藏库房需要保持清洁，无异味，远离有明显异味的物质，避免豆荚吸附异味物质，影响风味品质。

包装后的商品豆荚

## 四、品质控制

香草兰豆荚品质决定因素主要有香味特性、香兰素含量、外观、柔软性、长度、水分。

### 1. 理化品质

（1）水分含量

加工好的香草兰豆荚含水量应符合NY/T 483—2002标准，水分含量范围为25%～38%。

（2）色泽

香草兰特优豆荚自然光泽好，呈均匀的巧克力色至深褐色，无任何色斑；优良豆荚允许含少量色斑，但色斑长度不超过整荚1/3；良好豆荚缺乏光泽，呈浅褐色，色斑长度不超过整荚1/2，可以有少量红丝，但红丝长度不超过整荚1/3；普通豆荚光泽性较差，色泽暗红，呈棕褐色，有明显缺陷，带红色色斑，色斑长度不超过整荚1/2。

（3）柔软性

香草兰特优及优良豆荚整荚完好未裂开，柔软饱满；良好豆荚为整荚，不够柔软且欠饱满；普通豆荚不够柔软，倾向坚硬。

（4）长度

香草兰特优及优良豆荚长度为14～16厘米，良好及普通豆荚长度在10～14厘米。

（5）香兰素含量

香草兰豆荚中香兰素含量通常为1.0%～5.0%。

### 2.风味品质

（1）不同产地和不同等级香草兰豆荚风味品质差异较大，其中海南产一级香草兰豆荚检测出芳香族物质22种、醛类11种、酮类9种、酸类4种、醇类5种、杂环6种、烷烃8种和酯类2种。

（2）香草兰豆荚中主要挥发性成分有香草醛（香兰素）、香草酸、4-羟基苯甲醛和4-羟基苯甲酸。

（3）香兰素是香草兰香气成分中含量最高的物质，在一定程度上决定了香草兰的风味品质，其含量主要取决于品种、种植区域、栽培、收获和加工条件。

### 3.卫生标准

出售的商品豆荚要求洁净，不含任何杂质。豆荚在加工和储藏阶段应控制空气湿度，避免滋生细菌和霉菌，影响品质。

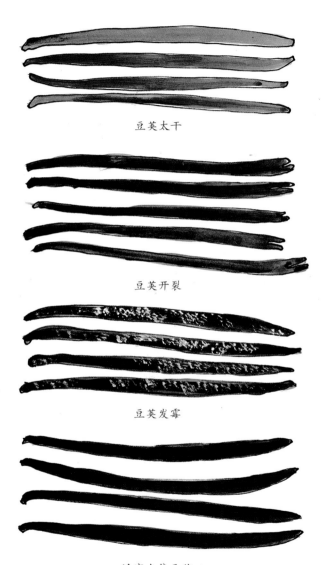

豆荚太干

豆荚开裂

豆荚发霉

适宜出售豆荚

香草兰豆荚品质要求

# 第三节　时尚香草兰食谱

香草兰豆荚是单价位居世界第二的高档香料，国际市场价格仅次于藏红花。如同生姜、八角、肉桂、花椒和胡椒等食用香料一样，香草兰也可广泛应用于烹饪食品，使用方法简单，深受美食爱好者的喜爱和追捧。

## 一、佐料

### 1.香草兰风味鸡汤

配料：食用油30 ～ 40克；胡萝卜300 ～ 400克，切碎；洋葱60 ～ 100克，切碎；盐、胡椒粉适量；香草兰豆荚半条，切断或纵向剖开；鸡汤1 000毫升；红枣、枸杞少许。

方法：在锅中加入食用油，依次加入胡萝卜和洋葱，清炒，不时搅拌；加入炖好的鸡肉、汤和香草兰豆荚、红枣、枸杞，再煨约45分钟即可食用。根据个人喜好加入盐、胡椒粉及其他配料。

香草兰风味鸡汤

### 2.香草兰风味鸡肉

配料：鸡肉 1 000 克，切块；食用油 40 ～ 60 克；白兰地 40 ～ 60 毫升；芹菜 20 克，切碎；葱 5 根，切碎；香草兰豆荚 1 条，切开；盐等调料。

方法：将鸡肉倒入烧热的食用油中炸至金黄色，捞出备用。锅中加水少许，倒入炸好的鸡肉煮 15 分钟，加白兰地、葱花、芹菜和香草兰豆荚，搅拌均匀，盖上锅盖煮至鸡肉松软即可。

## 二、果酱

### 1.香草兰苹果酱

配料：白砂糖 60 ～ 100 克；苹果 1 000 克；柠檬汁 500 克；香草兰豆荚 1 条，切开。

方法：把糖放至水中温火溶解，加入香草兰豆荚和苹果泥加热 15 分钟，冷却过夜；第二天加入柠檬汁，搅拌均匀，加热至黏稠状态。取出香草兰豆荚，果酱装入容器，密封冷藏即可。

香草兰苹果酱

## 三、曲奇和蛋糕

### 1.香草兰曲奇

配料：面粉400 ～ 500克；发酵粉20克；食盐5克；无盐黄油40 ～ 60克；鸡蛋2个；白砂糖80 ～ 100克；香草兰豆荚萃取物20毫升；牛奶100 ～ 150克。

方法：烤箱预热至170℃；面粉、发酵粉和盐混合均匀，过筛备用。黄油融化，加入白砂糖打发至颜色发白后加入香草兰豆荚萃取物、鸡蛋、牛奶搅拌混合，加入已混匀面粉搅拌均匀；装入裱花袋，在烤盘上方挤出面团，撒白砂糖，置于烤箱烤15 ～ 20分钟。烤好的曲奇呈金黄色，冷却即可食用。

### 2.香草兰巧克力奶油蛋糕

配料：香草兰豆荚萃取物60毫升或香草兰豆荚粉末60克；奶油80 ～ 100克；黄油40 ～ 60克；低筋面粉250克；可可粉80 ～ 100克；发酵粉30 ～ 60克；食盐3克；白砂糖60 ～ 80克；坚果50克；鸡蛋5个。

香草兰巧克力奶油蛋糕

方法：烤箱预热至180℃；低筋面粉过筛，与可可粉、发酵粉、盐、坚果搅拌均匀；将蛋黄快速打发后加入白砂糖、奶油、香草兰豆荚萃取物或粉、黄油，搅拌均匀；蛋清与白砂糖打发；上述混合物混合后搅拌均匀，装入涂抹过食用油的模具中，烘烤约30分钟，冷却后脱模，即可食用。

## 四、面包

配料：面粉50～80克；食盐3克；白砂糖50克；发酵粉20～30克；香草兰豆萃取物40毫升或香草兰粉末；鸡蛋3个；牛奶200毫升；奶油60克；黄油50克。

方法：烤箱预热至190℃；模具上涂抹食用油；将面粉、盐、糖、发酵粉和香草兰豆荚萃取物混合，搅拌均匀；加入鸡蛋液和牛奶混合物搅拌均匀，再加入浓奶油和黄油充分搅拌；将混合物倒入模具烘烤20分钟即可。

香草兰面包

## 五、冰激凌

　　配料：蛋黄6个；牛奶400毫升；白砂糖50克；食盐3克；奶油80～100克；香草兰豆荚萃取物20毫升或香草兰干燥粉末。

　　方法：锅中倒入蛋黄和牛奶，搅拌均匀；加入糖、盐和香草兰粉；加热混合物，并不时搅拌，直至混合物变黏稠；冷却后倒入冰激凌模具中，置冰箱冷冻2小时后即可食用。

香草兰冰激凌

## 六、奶油和布丁

### 1.香草兰奶油

配料：奶油奶酪100克；白砂糖60克；香草兰豆荚1条，切开。

方法：从香草兰豆荚中取出籽，加入奶油奶酪和糖，搅拌至润滑蓬松，冷冻即可。

### 2.香草兰布丁

配料：牛奶400毫升；鸡蛋2个，打散搅拌均匀；麦芽糖浆60 ~ 100毫升；香草兰豆荚1条，切开；香草兰豆荚萃取物20毫升；奶油20 ~ 40克，搅拌均匀；坚果；水果切丁（苹果、梨根据个人喜好选择）。

方法：将牛奶、麦芽糖浆、鸡蛋和香草兰豆荚放入锅内，搅拌均匀，加热至变稠，加入水果丁，继续加热至黏稠，关火；加入香草兰豆荚萃取物、坚果，适当加热后关火；混合物冷凉后置于冰箱冷冻，食用前淋上冷冻奶油即可。

香草兰布丁

## 七、酒和茶

### 1.香草兰酒

配料：香草兰豆荚2～3条；酒基：高粱白酒、籼米酒、黄酒、白葡萄酒、白兰地等；适量糖及其他辅助香料。

方法：在酒基中加入香草兰豆荚，封上瓶盖置阴凉处浸泡；每隔2～3天颠倒摇晃酒瓶，30天后过滤澄清，得到酒液。根据喜好添加糖及其他辅助香料，调香酒液，静置陈化即可。

香草兰酒

### 2.香草兰茶

配料：香草兰豆荚2～3条；茶基：绿茶、红茶、糯米香叶、白兰花、鹧鸪茶、苦丁茶等。

方法：将香草兰豆荚置于热风烘干机中，60～70℃烘干1～2小时，冷却后粉碎，粉末与适量茶基混匀窖制，密封存放8～15天即可。

香草兰茶

**本章要点回顾**

1.判断香草兰豆荚是否成熟的标准是什么？如何采收香草兰豆荚？

2.香草兰豆荚分级标准是什么？

3.香草兰豆荚生香原理是什么？

4.香草兰豆荚初加工有哪些步骤？

5.香草兰豆荚品质评价指标有哪些？

6.香草兰可以做哪些食品？

# 参考文献

蔡莹莹、陈星星、谷风林、等、2019. 不同加工阶段香草兰豆荚的广泛靶向代谢组学研究 [J]. 热带作物学报, 40(7): 1325-1335.

陈德新, 2009. 香荚兰 [M]. 北京：中国林业出版社.

陈建华、张晓峰、翁少伟、等、2015. 香荚兰豆酊热提工艺、原料产地研究及成分分析 [J]. 香料香精化妆品 (1): 17-22.

陈谦海, 2004. 贵州植物志：第 10 卷 [M]. 贵阳：贵州科技出版社.

陈庆文、郭运青, 2010. 海南香草兰产业发展概况 [J]. 热带农业科学, 30(7): 61-64.

程瑾、罗敦、黄琼雅、等、2006. 广西雅长兰科植物保护区考察见闻 [J]. 中国自然 (4): 24-26.

初众、李智、张彦军、等、2015. 香草兰豆挥发性香气成分比较研究与电子感官图谱绘制 [J]. 热带作物学报, 36(11): 2099-2107.

初众、王海茹、张彦军、等、2016. HS-SPME-GC-MS 技术分析香草兰果皮的挥发性成分 [J]. 食品科学, 37(6): 126-131.

丁慎言、尹俊梅, 2005. 海南岛野生兰花图鉴 [M]. 北京：中国农业出版社.

董智哲、谷风林、徐飞、等、2014. 固相微萃取和同时蒸馏萃取法分析海南香草兰挥发性成分 [J]. 食品科学, 35(2): 158-163.

董智哲、谷风林、徐飞、等、2015. 不同产地香草兰香气成分及抗氧化活性比较 [J]. 中国食品学报, 15(1): 242-249.

高圣风、刘爱勤、桑利伟、等、2015. 香草兰根 (茎) 腐病病原菌鉴定及其致病性测定 [J]. 热带农业科学, 35(1): 39-44.

高圣风、刘爱勤、桑利伟、等、2016. 香草兰生防细菌的筛选、分子鉴定及其抑菌机制的初步研究 [J]. 热带农业科学, 36(1): 41-46.

高圣风、刘爱勤、桑利伟、等、2018. 生防芽孢杆菌 VD18R19 在香草兰上定殖动态及其对香草兰根 (茎) 腐病的田间生防效果 [J]. 热带农业科学, 38(7): 57-61,66.

谷风林,董智哲,潘思轶,等,2014. 香草兰豆荚不同干燥方法的比较研究 [J].
　　热带农业科学,34(6): 66-70.

谷风林,房一明,卢少芳,等,2014. 天然香草兰风味黑巧克力的开发与研究
　　[J].农产品加工(学刊)(1): 34-36.

谷风林,董智哲,徐飞,等,2015. 利用 SPME-GC×GC/TOFMS 对香草兰中
　　挥发、半挥发性成分萃取与分析研究 [J]. 热带作物学报,36(1): 185-191.

顾文亮,吴刚,朱自慧,等,2013. 香草兰花粉保存与种间杂交育种初步研究
　　[J]. 热带作物学报,34(12): 2313-2319.

顾文亮,陈娅萍,王辉,等,2015. 不同疏果处理下香草兰果荚脱落及其内源
　　激素含量变化研究 [J]. 热带作物学报,36(3): 551-556.

洪英华,谷风林,蔡莹莹,等,2018. 香草兰豆荚发酵过程中挥发性成分的变
　　化 [J].食品工业科技,39(24): 253-259, 265.

贾月静,2010. "香料皇后"的诱惑之旅 [J].看历史,12(3): 135-138.

金效华,吉占和,覃海宁,等,2002. 贵州兰科植物增补 [J]. 植物分类学报,
　　40(1): 82-88.

Lawler L J,庄馥萃,1991. 香荚兰的药疗作用 [J]. 亚热带植物科学(1): 64.

李娜,金惠玉,徐飞,等,2017. 醇提香荚兰过程中理化指标和风味物质分析
　　[J].食品工业科技,38(7): 299-304, 351.

李娜,初众,徐飞,等,2019. 香荚兰浸膏物性及挥发性成分分析 [J].保鲜与
　　加工,19(5): 136-143.

李延辉,1996. 西双版纳高等植物名录 [M].昆明: 云南民族出版社.

李智,初众,姚晶,等,2015. 海南产不同等级香草兰豆挥发性成分分析 [J].
　　食品科学,36(18): 97-102.

梁淑云,吴刚,杨逢春,等,2009. 香荚兰属种质研究与利用现状 [J].热带农
　　业科学,29(1): 54-58.

林进能,1989. 香荚兰果加工及生香的一些生化基础 [J]. 香料香精化妆品
　　(z1): 23-27.

林进能,黄士诚,1989. 香荚兰果荚的生香与加工 [J]. 食品科学,10(4): 17-19.

刘爱勤,1997. 海南省香草兰主要病害发生预测与综合防治建议 [J]. 热带作
　　物科技(5): 57-58.

刘爱勤,2013. 热带特色香料饮料作物主要病虫害防治图谱 [M]. 北京: 中国

农业出版社.

刘爱勤, 张翠玲, 1998. 9种杀菌剂对香草兰细菌性软腐病菌的室内毒力测定
[J]. 热带农业科学 (4): 1-2.

刘爱勤, 黄根深, 2000. 香草兰细菌性软腐病发生规律研究初报 [J]. 热带作物
学报, 21(3): 39-44.

刘爱勤, 张翠玲, 黄根深, 等, 2007. 香草兰细菌性软腐病防治研究 [J]. 植物
保护, 33(5): 147-149.

刘爱勤, 桑利伟, 孙世伟, 等, 2008. 香草兰疫霉菌对9种杀菌剂的敏感性测
定 [J]. 农药, 47(11): 847-848.

刘爱勤, 曾涛, 曾会才, 等, 2008. 海南香草兰疫病发生情况调查及疫霉菌种
类鉴定 [J]. 热带作物学报, 29(6): 803-807.

刘爱勤, 桑利伟, 谭乐和, 等, 2011. 海南省香草兰主要病虫害现状调查 [J].
热带作物学报, 32(10): 1957-1962.

刘爱勤, 桑利伟, 孙世伟, 等, 2012. 6种药剂防治香草兰疫病田间药效试
验 [J]. 热带农业科学, 32(4): 76-78.

刘双双, 张彦军, 徐飞, 等, 2018. 香草兰精油微胶囊的制备工艺优化及缓释
性分析 [J]. 热带作物学报, 39(7): 1423-1430.

刘双双, 那治国, 徐飞, 等, 2019. 壁材对香草兰精油微胶囊物性与释放特性
的影响 [J]. 食品科学, 40(3): 129-134.

刘仲健, 陈心启, 茹正忠, 2007. 深圳香荚兰: 首次发现于华南深圳的兰科新
种 [J]. 植物分类学报, 45(3): 301-303.

莫丽梅, 张彦军, 谷风林, 等, 2013. 二次回归中心组合法优化外源纤维素酶
酶解提取香草兰青豆荚香兰素工艺 [J]. 食品科学, 34(18): 18-22.

王昌禄, 李士炼, 周庆礼, 等, 2005. 大孔吸附树脂对发酵液中香兰素的吸附
效果 [J]. 精细化工, 22(6): 458-460.

王华, 王辉, 赵青云, 等, 2013. 槟榔不同株行距间作香草兰对土壤养分和微
生物的影响 [J]. 植物营养与肥料学报, 19(4): 988-994.

王辉, 庄辉发, 宋应辉, 等, 2012. 不同密度槟榔间作对香草兰叶绿素荧光特
性的影响 [J]. 热带农业科学, 31(11): 4-6, 12.

王庆煌, 2012. 热带作物产品加工原理与技术 [M]. 北京: 科学出版社.

王庆煌, 宋应辉, 梁淑云, 1994. 香草兰丰产栽培技术研究 [J]. 热带农业科学

(2): 50-57.

王庆煌, 朱自慧, 2004. 香草兰 [M]. 北京: 中国农业出版社.

魏来, 初众, 赵建平, 2009. 香草兰的药用保健价值 [J]. 中国农学通报, 25(6): 249-251.

吴德邻, 1994. 海南及广东沿海岛屿植物名录 [M]. 北京: 科学出版社. 徐飞, 初众, 谷风林, 等, 2013. 基于酶解后乙醇萃取香草兰净油的GCMS分析 [J]. 中国粮油学报, 28(6): 106-110.

徐飞, 初众, 卢少芳, 等, 2013. 微波超声协同萃取香草兰净油工艺优化及挥发性成分分析 [J]. 热带作物学报, 34(7): 1374-1380.

袁媛, 陈光英, 2007. 海南香草兰生物活性研究新进展 [J]. 中国热带医学, 7(8): 1453-1454.

张翠玲, 刘爱勤, 1998. 香草兰根(茎)腐病室内有效杀菌剂的筛选 [J]. 热带农业科学 (2): 9-12.

张翠玲, 刘爱勤, 汤利华, 2000. 香草兰根(茎)腐病研究初报 [J]. 云南农业科技 (2): 34-35.

张彦军, 徐飞, 贺书珍, 等, 2015. 冷冻-溶解联合外源酶处理香草兰鲜豆荚对香气成分的影响研究 [J]. 热带作物学报, 36(12): 2269-2275.

张彦军, 朱红梅, 田建文, 等, 2017. 菠萝蜜种子淀粉制备香草兰微胶囊的工艺研究 [J]. 热带作物学报, 38(6): 1127-1133.

赵建平, 王庆煌, 宋应辉, 等, 2006. 香草兰产业开发与应用配套技术研究成果 [J]. 热带农业科学, 26(6): 38-42.

赵青云, 王辉, 王华, 等, 2012. 种植年限对香草兰生理状况及根际土壤微生物区系的影响 [J]. 热带作物学报, 33: 1562-1567.

赵青云, 王辉, 庄辉发, 等, 2014. 海南香草兰园土壤酸化现状及酸化原因分析 [J]. 热带农业科技, 37: 12-13, 21.

赵青云, 赵秋芳, 王辉, 等, 2014. 施用不同有机肥对香草兰生长及土壤酶活性的影响 [J]. 热带作物学报, 35(2): 256-260.

赵青云, 邢诒彰, 王辉, 等, 2018. 解磷细菌 *Burkholderia* 的分离鉴定及对香草兰生长和P吸收的影响 [J]. 热带作物学报, 39(10): 1913-1919.

中国科学院华南植物园, 2006. 广东植物志: 第7卷 [M]. 广州: 广东科技出版社.

中国科学院昆明植物研究所, 2003. 云南植物志: 第14卷 [M]. 北京: 科学出版社.

中国科学院中国植物志编辑委员会, 1999. 中国植物志: 第18卷 [M]. 北京: 科学出版社.

周江, 邓亦峰, 黄茂芳, 1998. 超临界 $CO_2$ 提取香草兰中香兰素的研究 [J]. 食品与机械 (6): 16.

朱红梅, 田建文, 张彦军, 等, 2017. 菠萝蜜种子淀粉制备的香草兰精油微胶囊的风味品质分析 [J]. 食品工业科技, 38(22): 253-258.

朱红梅, 张彦军, 徐飞, 等, 2017. 4种物理方法制备香草兰精油微胶囊的比较分析 [J]. 食品科学, 38(21): 106-111.

朱红梅, 刘佳琪, 徐飞, 等, 2018. 超临界萃取气质联用定量分析香草兰四种物质 [J]. 保鲜与加工, 18(5): 134-141.

Boonchird C, Flegel T W, 1982.In vitro antifungal activity of eugenol and vanillin against *Candida albicans* and *Cryptococcus neoformans*[J]. Canadian Journal of Microbiology, 28(11): 1235-1241.

Bory S, Grisoni M, Duval M F, et al, 2008.Biodiversity and preservation of vanilla: present state of knowledge[J]. Genetic Resources and Crop Evolution, 55: 551-571.

Cerrutti P, Alzamora S M, 1996.Inhibitory effects of vanillin on some food spoilage yeasts in laboratory media and fruit purées[J]. International Journal of Food Microbiology, 29(2-3): 379.

Fahrig R, 1996.Anti-mutagenic agents are also co-recombinogenic and can be converted into co-mutagens[J].Mutation Research fundamental & Molecular Mechanisms of Mutagenesis, 350(1): 59-67.

Gao S F, Liu A Q, Sang L W, et al, 2016.First report of bacterial soft rot of vanilla caused by *Dickeya dadantii* in China[J].Plant Disease, 100(7): 1493.

Govaerts R, 2006.World Checklist of Orchidaceae[OL].http: //www. kew. org/ wcsp/.

Imanishi H, Sasaki Y F, Matsumoto K, et al, 1990.Suppression of 6-TG-resistant mutations in V79 cells and recessive spot formations in mice by vanillin[J]. Mutation Research, 243(2): 151-158.

Kamat J P, Ghosh A, Devasagayam T P A, 2000.Vanillin as an antioxidant in rat liver mitochondria: Inhibition of protein oxidation and lipid peroxidation induced by photosensitization[J]. Molecular & Cellular Biochemistry, 209(1-2): 47-53.

Keshava C, Keshava N, Ong T M, et al, 1998.Protective effect of vanillin on radiation-induced micronuclei and chromosomal aberrations in V79 cells[J]. Mutation Research, 397(2): 149-159.

Ohta T, Watanabe M, Shirasu Y, et al, 1998.Post-replication repair and recombination in *uvr*A *umu*C, strains of *Escherichia coli*, are enhanced by vanillin, an antimutagenic compound[J]. Mutation Research, 201(1): 107-112.

Pridgeon A M, Cribb P J, Chase M W, et al, 2003.Genera Orchidacearum: Orchidoideae[M].Oxford: Oxford University Press.

Xiong W, Zhao Q Y, Zhao J, et al, 2015.Different continuous cropping spans significantly affect microbial community membership and structure in a vanilla-grown soil as revealed by deep pyrosequencing[J]. Microbial Ecology, 70: 209-218.

Xiong W, Zhao Q Y, Xue C, et al, 2016. Comparison of fungal community in black pepper-vanilla and vanilla monoculture systems associated with vanilla *Fusarium* wilt disease[J]. Frontiers in Microbiology, 7: 117.

Xiong W, Guo S, Alexandre J, et al, 2017. Bio-fertilizer application induces soil suppressiveness against *Fusarium* wilt disease by reshaping the soil microbiome[J]. Soil Biology & Biochemistry, 114: 238-247.

Xiong W, Li R, Ren Y, et al, 2017. Distinct roles for soil fungal and bacterial communities associated with the suppression of vanilla *Fusarium* wilt disease[J]. Soil Biology & Biochemistry, 107: 198-207.

Xiong W, Alexandre J, Sai G, et al, 2018. Short communication soil protist communities form a dynamic hub in the soil microbiome[J].The ISME Journal, 12: 634-638.

Zhao Q Y, Wang H, Zhu Z H, et al, 2015.Effects of *Bacillus cereus* F-6 on promoting vanilla (*Vanilla planifolia* Andrews)plant growth and controlling stem and root rot disease[J]. Agricultural Sciences, 6: 1068-1078.

## 附录—

# 香荚兰
## (NY/T 483—2002)

## 1 范围

本标准规定了属于 *Vanilla fragrans*（Salisbury） Ames-Syn.（*Vanilla planifolia* Andrews） 种的香荚兰的要求。

本标准适用于墨西哥大叶种香荚兰成熟的鲜豆荚（green vanilla） 及其经发酵、生香加工处理而得的香荚兰豆（cured vanilla），产品是完整荚、切段荚和香荚兰粉。

## 2 规范性引用文件

下列文件中的条款通过本标准的引用而成为本标准的条款。凡是注日期的引用文件，其随后所有的修改单（不包括勘误的内容） 或修订版均不适用于本标准，然而，鼓励根据本标准达成协议的各方研究是否可使用这些文件的最新版本。凡是不注日期的引用文件，其最新版本适用于本标准。

ISO 948 香辛料和调味品 取样（Spices and Condiments—

Sampling)

ISO 5565 - 2：1999　香荚兰属　第 2 部分：试验方法 〔Vanilla [*Vanilla fragrans*（Salisbury）Ames〕—Part 2：Test methods〕

## 3　术语和定义

ISO 3493　确立的术语和定义适用于本标准。

## 4　商品形态

本标准描述的有下列五种商品形态：

——香荚兰豆：由完整的荚组成，这些荚是可以裂开的；

——切段香荚兰：据加工和用户要求将裂开的或完整的豆荚切段；

——混合香荚兰：由香荚兰豆和切段香荚兰组成；

——香荚兰粉：由香荚兰豆磨成粉而获得且不含添加剂；

——香荚兰鲜荚：香荚兰植株上已成熟的荚。

## 5　一般特征

### 5.1　香荚兰豆

香荚兰豆应

——具有与质量级别相一致的特征（见 6.2）；

——进行了有利于其香味、香气发展的处理；

——为深巧克力褐色至浅红色。

香荚兰豆可以有自然结霜。

它们不应：

——进行会导致天然香兰素含量或其他任何一种芳香成分起变化的任何处理；

——虫蛀、发霉、含杂酚油气味、起疤和氧化；

——具有非香荚兰特有的气味。

## 5.2 切段香荚兰

切段香荚兰应：

——由符合 5.1 所规定的要求的香荚兰豆制备而成；

——为完好的且具有良好的独特香味；

——为深巧克力褐色至浅红色。

## 5.3 混合香荚兰

混合香荚兰应：

——由符合 5.1 所规定的要求的香荚兰豆获得；

——为完好的且具有良好的独特香味；

——为深巧克力褐色至浅红色。

## 5.4 香荚兰粉

香荚兰粉应：

——由符合 5.1 规定的要求的香荚兰豆制备而成；

——足够细，能通过筛孔大小为 1.25mm 筛网；

——为深巧克力褐色至浅红色；

——具有自然和非常独特的香荚兰香味。

它们不应：

——进行会引起其天然香兰素含量和香味的其他组分含量变化的任何处理；

——含有外来物质；

——含有霉味或杂酚油味或其他任何非香荚兰的气味。

## 5.5 香荚兰鲜荚

香荚兰鲜荚应：

——经过充分生长发育，蒴果饱满、结实、种子黑而密；

——颜色从深绿色转为浅绿、略晕黄或荚的尖端（0.2cm～0.5cm）呈浅黄，荚的两条纵线明显变浅色或略带微黄。

香荚兰鲜荚不应：

——整荚呈黄色、体型异常膨大不结实、种子稀少。

## 6 质量分级

### 6.1 香荚兰鲜荚分级

#### 6.1.1 1级

发育正常，粗细均匀，呈自然生长的三角条形状，符合5.5的要求，无斑痕，长16 cm以上，完整未裂荚。

#### 6.1.2 2级

发育正常，粗细均匀，呈自然生长的三角条形状，符合5.5的要求，长14cm以上的完整未裂荚（含符合1级质量要求的表面有斑痕的荚）。

#### 6.1.3 3级

荚短小、细长，粗细不均匀，形状不规则，但应符合5.5的要求，长度14cm以下的完整未裂荚。

#### 6.1.4 4级

自然过熟裂荚，发育正常的、断裂的成熟鲜荚及误摘嫩荚。

### 6.2 香荚兰豆分级

#### 6.2.1 1级

##### 6.2.1.1 1A级

整荚、完好，荚未裂开，柔软而饱满，自然光泽好，呈均匀的巧克力色至深褐色，除印痕外没有任何色斑，香荚兰香味香气纯正、柔和，长度16cm以上。

##### 6.2.1.2 1B级

特性与1A级相同，但荚已裂开。

#### 6.2.2　2 级

##### 6.2.2.1　2A 级

整荚、完好，未裂开，柔软而饱满，自然光泽好，呈均匀的巧克力色至深褐色，允许含少量色斑，其长度不超过荚长度的三分之一，长度在 14cm 以上。

##### 6.2.2.2　2B 级

特性与 2A 级相同，但荚已裂开。

#### 6.2.3　3 级

##### 6.2.3.1　3A 级

整荚，不够柔软且欠饱满，缺乏光泽，呈浅褐色，可以有较多的色斑，其总长度不超过荚长度的一半，可以有少量红丝，其总长度不超过荚长度的三分之一，香气纯正而柔和，长度 10cm 以上。

##### 6.2.3.2　3B 级

特性与 3A 级相同，但荚已裂开。

#### 6.2.4　4 级

##### 6.2.4.1　4A 级

整荚、完好，个体细小，较坚硬，光泽性较差，色泽暗红，呈棕褐色，有明显缺陷，带红色色斑，其总长不超过荚长度的一半，具有香荚兰的特征香气。

##### 6.2.4.2　4B 级

整荚、裂荚、混杂的劣等品，木质状，荚细小、弯曲、无光泽，色斑、红丝较多，呈棕红色，具有香荚兰的特征香气，最大含水量为 20%。

## 7　化学特性

### 7.1　水分含量

香荚兰的含水量应符合表 1 的规定。

表 1  水分含量要求

| 特　性 | 要　求 | | | | | | 检测方法 |
|---|---|---|---|---|---|---|---|
| | 香荚兰豆 | | | | 切段香荚兰和 混合香荚兰 | 香荚 兰粉 | |
| | 级别 | | | | | | |
| | 1 | 2 | 3 | 4 | | | |
| 最大含水量（％） | 38 | 38 | 30 | 25 | 30 | 20 | ISO5565－2 |

### 7.2　香兰素含量

香兰素的含量主要取决于香荚兰的品种、种植区域、栽培、收获和加工条件，同时取决于其长度。采用 ISO 5565－2：1999 中的 4.2 规定的方法或气相色谱内标法测定，当测量结果有异议时，ISO 5565－2：1999 中的 4.2 规定方法为仲裁测量方法。在一定含水量条件下，香兰素含量通常为 1.0％～5.0％。

### 8　取样

按 ISO 948 规定的方法进行。

每个实验样品不低于 100g。

若是香荚兰豆，作为基样的荚应能代表其选择进行取样的包装所含的小束香荚兰。样品应贮存在不透气的容器中，避免任何热源，并应在收到后立即进行分析。

### 9　试验方法

### 9.1　外观和感官检验

眼看外表，检其色泽、瑕疵和饱满度；手指触摸，验其柔软；鼻闻产品与手指鉴别其香气和留香的持久性。

### 9.2　理化检验

香荚兰样品应按照表 1 和 7.2 所述方法进行检测分析。

## 10 包装与标志

### 10.1 包装

#### 10.1.1 香荚兰鲜荚

采收香荚兰鲜荚用具须为竹、藤或包装带等编制的有提手的广口筐，装、倒时须轻放轻取，以免碰伤果荚表皮。鲜荚采收后，应集中按 6.1 的规定进行分级，按级分类装入有盖的竹、藤制的筐或塑料筐中。

#### 10.1.2 香荚兰豆

应把同一长度的香荚兰豆捆成小捆，然后装进干净、完好、不透水的容器中密封贮存，制作容器的材料不得影响产品品质（如有盖的锡桶、锡箱、马口铁桶，蜡纸垫隔）。

根据 6.2 规定的分级类别，同级别小捆香荚兰豆的容器应基本一致。同一系列其内装物同级的这些基本容器构成一批。交运货物由同级的一批或不同级的几批组成。

#### 10.1.3 切段香荚兰

如切段够长，则应将同一长度的香荚兰捆成小捆，不能捆扎者可散装袋。

切段香荚兰应装在干净、完好、不透水的容器中，制作容器的材料不得影响产品品质。

#### 10.1.4 混合香荚兰

混合香荚兰应装在干净、完好、不透水的容器中，制作容器的材料不得影响产品品质。

#### 10.1.5 香荚兰粉

香荚兰粉应装在干净、完好、不透水的容器中，制作容器的材料不得影响产品品质。

## 10.2 标志

### 10.2.1 香荚兰鲜荚

每个筐都应标明以下标志：

——产品名称（与植物学品种名称相符）；

——执行的产品标准编号；

——产地；

——毛重；

——净重；

——级别；

——采摘日期。

### 10.2.2 香荚兰豆、切断香荚兰或混合香荚兰

每个容器或标签都应标明下列说明：

——产品名称（与植物学品种名称相符）；

——执行的产品标准编号；

——商品形态；

——生产国家；

——收获年份；

——代码、商标、批号或检验证，或者与之类似的识别方式；

——买方要求的所有其他资料。

### 10.2.3 香荚兰粉

在每个基本容器和每个准备发运的容器上都应标明 10.2.2 所列的各项说明。

如使用玻璃容器，则应在每个准备发运的容器上标明"玻璃易碎"字样。如有可能，应在容器上标明收获年份。

## 11  贮存

### 11.1  香荚兰鲜荚

香荚兰鲜荚原则上当天采收当天加工，如因路程、运输、气候等须暂时贮存的，时间不宜过长，堆放厚度不得超过 50cm，存放场地应清洁、通风、易排水。

### 11.2  香荚兰豆、切段香荚兰、混合香荚兰、香荚兰粉

应按级别、生产批号、产品类型分开摆放。

贮存环境应清洁卫生、干燥、通风良好；或在贮存仓库安装空调设备，温度 22℃左右为宜。

## 12  运输

### 12.1  香荚兰鲜荚

鲜荚长途运输时，要用有盖的竹、藤编制的筐进行包装，逐层堆放平整，用绳固牢；做到轻装轻卸，即时运输，途中谨防日晒雨淋。

### 12.2  香荚兰豆、切段香荚兰、混合香荚兰

香荚兰豆、切段香荚兰、混合香荚兰的运输须注意防潮、防晒，不得与有毒物品混装，运输途中不得损坏内外包装。

### 12.3  香荚兰粉

香荚兰粉的运输须防潮、防晒，不得与有毒物品混装，若用玻璃容器装运则需标明"玻璃易碎"，轻装轻卸，途中不得损坏外包装。

附录 A

（资料性附录）

本标准与 ISO 5565 - 1：1999 技术性差异及其原因

表 A.1 给出了本标准与 ISO 5565 - 1：1999 的技术性差异及其原因的一览表。

表 A.1 本标准与 ISO 5565 - 1：1999 技术性差异及其原因

| 本标准的章条编号 | 技术性差异 | 原　　因 |
|---|---|---|
| 1 | 增加了香荚兰鲜荚内容及香荚兰、切段香荚兰和香荚兰粉的主要加工工艺。删去了不适用范围。 | 使本标准既与国际标准接轨，又适合我国国情。 |
| 2 | 采用 GB/T 1.1—2000 中的引导语替换，删去了 ISO 3493 香荚兰术语，而将其放在参考文献中。 | 按 GB/T 1.1—2000 及其实施指南的规定。 |
| 4 | 增加了香荚兰鲜荚的内容。 | 适合我国国情。 |
| 5 | 增加了香荚兰鲜荚的内容。 | 适合我国国情。 |
| 6 | 增加了香荚兰鲜荚的内容，增加了香荚兰各级别的长度要求。 | 适合我国国情，使本标准的指标更加具体，从而达到可操作性更强的目的。 |
| 7.2 | 规定了 ISO 5565 - 2：1999 中 4.2 的方法为仲裁测量方法；香荚兰含量的范围由 1.6%～2.4% 改为 1.0%～5.0%。 | 根据 GB/T 1.1—2000 实施指南，适合我国国情。 |
| 9.1 | 增加了外观和感官检验。 | 使本标准可操作性更强。 |
| 10 | 增加了香荚兰鲜荚的内容。 | 适合我国国情。 |
| 11 | 增加了香荚兰系列产品的贮存运输。 | 按 GB/T 1.3—1997 的规定，同时使之适合我国国情。 |

说明

本标准由农业部农垦局提出。

本标准由农业部热带作物及制品标准化技术委员会归口。

本标准起草单位：中国热带农业科学院热带香料饮料作物研究所。

本标准主要起草人：赵建平、宋应辉、赖剑雄、朱自慧。

# 附录二

## 香荚兰栽培技术规程

### （NY／T 968—2006）

**1 范围**

本标准规定了属于 *Vanilla fragrans*（Salisbury）Ames-Syn.（*V. planifolia* Andrews）种的香荚兰生产的园地选择与规划、垦地与定植、田间管理、主要病虫害防治、采收与加工等技术要求。

本标准适用于香荚兰的栽培管理。

**2 规范性引用文件**

下列标准中的条款通过在本标准中的引用而构成本标准的条款。凡是注明日期的引用文件，其随后所有的修改单（不包括勘误的内容）或修订版均不适用于本标准，然而，鼓励根据本标准达成协议的各方研究是否可使用这些文件的最新版本。凡是不注明日期的引用文件，其最新版本适用于本标准。

GB 4285  农药安全使用标准

GB/T 8321　农药合理使用准则

NY/T 362—1999　香荚兰　种苗

NY/T 483—2002　香荚兰

## 3　术语和定义

下列术语和定义适用于本标准。

### 3.1

**种蔓**

增殖圃中尚未开花结荚的香荚兰茎蔓。

### 3.2

**种蔓粗度**

切口以上20cm处的直径。

### 3.3

**腋芽**

叶片与主蔓间的休眠芽。

### 3.4

**抽生新蔓粗度**

抽生点（芽点）以上10cm处的直径。

### 3.5

**抽生新蔓长度**

抽生点以上至尾部稳定叶片长度。

### 3.6

**根节**

插条长根的节。

### 3.7

**香荚兰鲜荚**

香荚兰植株上已成熟的荚。

### 3.8

**香荚兰豆**

成熟的香荚兰鲜荚经过初加工后得到的成品干豆荚。

## 4 园地选择

### 4.1 气候条件

年均气温 24℃左右，月均气温 21℃～29℃。最冷月平均气温和年平均气温都在 19℃以上适宜香荚兰生长，月均温低于 20℃香荚兰的生长缓慢，持续 5d 日均温低于 15℃茎蔓生长停止；绝对低温 6.7℃～10.8℃持续 9d，嫩蔓出现轻微寒害。茎蔓生长期相对湿度为 80%～90%香荚兰生长正常，低于 75%生长缓慢，高于 90%则易感病。

### 4.2 土壤条件

香荚兰喜欢土层深厚、质地疏松、土壤 pH 为 6.0～7.0、物理性状良好，有机质含量丰富（1.5%～2.5%）的沙壤土、沙砾土、黑色石灰土或沉积土。重沙土、重黏土及低洼易涝地不宜种植香荚兰。

### 4.3 立地条件

香荚兰地宜选择近水源，排水良好，有良好防风屏障的较静风的缓坡地或平地，土壤和气候等条件适合香荚兰生长。

## 5 园地规划

香荚兰园地选择好后应进行规划，内容包括防护林、道路系统、排水与灌水系统、有机肥堆沤点等。

### 5.1 小区与防护林

### 5.1.1 小区面积

根据香荚兰的生长特点、荫蔽系统的抗风性、有利于害虫预防和管理，不宜连片种植，小区面积以 0.2hm² 左右为宜。

## 5.1.2 防护林设置

海南台风较多，在较空旷地建立香荚兰种植园，建议每 2hm² 设较宽的周边防风林（主林带），林带宽度为 6m～9m；每 0.5hm² 间设隔离防风林（副林带），林带宽度为 4m～5m，可设计成"田"字形，既可以减少风害损失，又可使种植园形成一个静风多湿的优良小环境。云南西双版纳也要根据季风情况设置防护林。防护林树种可选马占相思、木麻黄、竹柏、小叶桉或刚果 12 号桉等，防护林种植株行距为 1m ×（1.5～2）m，防护林一般离香荚兰 4m～5m。香荚兰种植园与四周荒山陡坡、林地及农田交界处应设隔离沟。

## 5.2 排灌系统

香荚兰的生长既需充足的水分供应，又要求遇暴雨时能迅速将积水排出。因此，建园时宜建立种植园节水灌溉系统，同时科学规划设置排水系统，园内除设主排水系统外，每一小区还应设置排水沟与主排水沟相通，保证雨季排水畅通。

## 5.3 道路系统

根据香荚兰种植园规模、地形和地貌等条件，设置合理的道路系统，包括主干道、支道、步行道和地头小道。大中型种植园以加工厂总部为中心，与各区、片、块有道路相通，规模较小的种植园设支道、步行道和地头小道即可。

## 5.4 堆肥点

香荚兰有机肥堆沤点应修建在主干道旁边，远离居民点，场地的大小根据香荚兰园的面积来决定。

## 6 垦地与定植

### 6.1 垦地

香荚兰定植前 1 个月应对园地进行全垦，深度 30cm 左右。地里的树根、杂草、石头等要清除干净。香荚兰种植园的开垦应注意水土保持，根据不同坡度和地势，选择适宜的时期、方法和施工技术进行开垦。平地和坡度 10°以下的缓坡地等高开垦；坡度 10°以上的园地不宜人工荫棚种植香荚兰。

### 6.2 建立荫蔽系统

香荚兰属热带攀缘半阴性植物，喜朝夕阳光、斜光，但忌强光烈日和寒风，因而需要科学设置支柱攀缘并要求适度荫蔽，适宜香荚兰生长发育的荫蔽度为 60%～70%。营养生长期以 70%较好，生殖期以 60%较好。

### 6.2.1 活荫蔽树系统

因树皮具有保湿能力，可保证香荚兰气生根的良好生长，因此，选择天然次生林或人工种植速生、耐修剪、根系深、粗生、分枝低矮，且病虫害不与香荚兰相互侵染的常绿树种作为活支柱的树冠来调节园内荫蔽度。可采用的荫蔽树种有木麻黄、麻疯树、甜荚树、番石榴、银合欢、刺桐、龙血树等。国外以甜荚树、麻疯树作为活荫蔽树，效果很好。

### 6.2.2 人工荫棚系统

人工荫棚栽培香荚兰，可用石柱、水泥柱或木柱等作攀缘材料；香荚兰园棚架系统高度以 2.0m 为宜。攀缘柱露地 1.4m～1.6m，攀缘柱间距及行距为 1.2m×1.8m，3.6m×3.6m 处为棚架支柱（高柱）；棚架支柱规格为（12～15）cm×（10～12）cm×（260～280）cm（宽×窄×高），入土深度为 60cm～80cm；攀缘柱规格为（10～12）cm×（8～10）cm×（160～180）cm，入土深度为 40cm。隔几行（最好隔 1 行）架设镀锌水管支撑棚架，同时也可作喷灌设备，余下的行可用钢筋或铁线代替。遮光网（荫蔽度 60%～70%）走向与水管走向（即香荚兰行向）一致，并固定于棚架顶部，垂直行的网上部再架设钢筋或铁线增强抗风性能。

## 6.3 起畦、施基肥与投放覆盖物

### 6.3.1 起畦

建好荫棚系统后，即可起畦，先将植地全垦耙碎、除净杂草杂物，并用石灰粉进行土壤消毒处理。畦面龟背形，走向与攀缘柱的行向一致，畦面宽 80cm，高 15cm～20cm，攀缘柱在畦的中央。

### 6.3.2 基肥

将腐熟的有机肥均匀地薄撒于整理好的畦面（7 500kg/$hm^2$，厚 4cm～5cm），并与 10cm 厚的土层混匀。

### 6.3.3 投放覆盖物

在每 2 条攀缘柱间投放腐熟的椰糠 3kg（或用干杂草、枯枝落叶等替代），并摊匀准备定植。

## 6.4 定植

### 6.4.1 种苗

我国目前普遍栽培的香荚兰品种为墨西哥大叶种。定植时要选用长壮苗，具体按照 NY/T362 的规定。

### 6.4.2 定植时间

在温度较高的季节定植香荚兰有利于生根发芽，海南适宜定植季节为春季 4～5 月和秋季 9～10 月。在海南春季干旱缺水的地区秋季定植较好。云南西双版纳地区则以 5～6 月定植为宜。

### 6.4.3 定植密度

合理密植有利于提高单位面积产量，香荚兰适宜的株行距为 1.2m×1.8m，双苗定植（即每条柱的两边各植 1 株），也可采用 1.2m×1.6m 或 1.2m×2.0m 的株行距种植。

### 6.4.4 定植方法

从母株上直接割取的种苗，先用药剂（1%波尔多液等）对切口进行消毒处理后，置于阴凉处饿苗 2d～3d 再运输或定植。从苗圃中取的种苗要及时运输和定植，以免根系（特别是根毛）干死，影响成活。从母株上直接割取的种苗定植时，用手指在攀缘柱的两边各划一条深 2cm～3cm 的浅沟，将苗平放于浅沟中，盖上 1cm～2cm 覆盖物，苗顶端指向攀缘柱，露出叶片和切口处一个茎节，防止烂苗，茎蔓顶端用软质材料制成的细绳轻轻固定于攀缘柱上；若种苗来自繁殖苗圃，定植时要尽量用覆盖物将新根覆盖，以便植后能尽快恢复生长。

## 7 田间管理

### 7.1 定植后淋水和查苗补苗

#### 7.1.1 定植后淋水

从母株上直接割取的茎蔓在定植 7d～15d 后开始长出新根并抽生新的嫩芽。因此，定植后每隔 2d～3d 淋一次水，保持土壤湿润，成活后淋水次数可逐渐减少。

#### 7.1.2 查苗补苗

植后 30d 内要全面检查种苗成活情况，进行查苗补苗（一般每 4d 查 1 次），发现病蔓及时处理或补苗，保证全部种苗成活。

### 7.2 施肥

香荚兰种植园以施有机肥为主，尽量少施化学肥料，禁止单纯施用化学肥料和矿物源肥料。

#### 7.2.1 有机肥

1～3 龄香荚兰园施腐熟的有机肥（2～3）次/年〔一般每次施（5 000～7 000）kg/hm²〕，成龄香荚兰园施（3～4）次/年；香荚兰是典型的喜钙作物，因此根据土壤情况在有机肥堆沤过程中加入适量的熟石灰，不仅可促进香荚兰茎蔓生长，提高单位面积产量，还可提高抗病能力。

### 7.2.2 根外追肥

香荚兰种植园一般根外追肥2～3次/月，一龄的香荚兰喷施或淋施0.5%复合肥和0.5%尿素（1～2）次/月，2～3龄的香荚兰喷施或淋施（2～3）次/月；成龄香荚兰4～6月果荚生长期喷施0.5%复合肥和0.5%氯化钾或硫酸钾（1～2）次/月，10～12月花芽分化前期喷施0.5%复合肥和1.0%过磷酸钙浸沉出液（1～2）次/月，并喷施2～3次0.5%磷酸二氢钾，1～3月和7～9月为香荚兰营养生长期，可根据苗蔓生长情况喷施或淋施0.5%复合肥和0.5%尿素（1～2）次/月。

## 7.3 除草、覆盖与整理畦面

### 7.3.1 除草

清除香荚兰园内杂草一般用手拔除，需用锄头、铁锹等除草工具时，应避免伤害根系［一般拔草（1～2）次/月］。

### 7.3.2 覆盖

香荚兰根系分布浅，主要集中在0cm～5cm的土层中，对旱、寒等不利条件的抵抗力较弱，采用椰糠、干杂草或经过初步分解的枯枝落叶等进行周年根际死覆盖，可有效改善根系的生长环境。幼龄香荚兰园增添覆盖物1次/季度，使畦面终年保持3cm～4cm的覆盖；而成龄香荚兰园则在每年花芽分化期后（1月底或2月初）和末花期后（5月底或6月初）各进行一次全园覆盖。

### 7.3.3 整理畦面

大雨过后或多次淋水之后，香荚兰园畦面边缘由于水的冲刷而塌陷，应及时修整，保持畦面的完整［一般（1～2）次/年］。

#### 7.4 引蔓与修剪

##### 7.4.1 引蔓

香荚兰植后新抽生的茎蔓应及时用软绳子将其轻轻固定在攀缘柱上，当茎蔓长到一定长度（1.0m～1.5m）时，将其拉成圈吊在横架上或缠绕于铁线上，使其环状生长。

##### 7.4.2 修剪

每年11月底或12月初对成龄香荚兰园进行全面修剪，修剪掉上两年已开花结荚的老蔓及弱病蔓，同时摘去茎蔓顶端4～5个茎蔓节，长度为40cm～50cm（可用于育苗），并将去顶后30d～45d内的萌芽及时全面抹除，控制其营养生长，促进花芽分化。

#### 7.5 加固

海南台风频繁，每年台风季节到来之前都应全面检查荫棚系统，及时修补加固。台风后要及时修补受损遮阳网，加固松动的支柱和棚架系统。云南西双版纳种植区在季风过后也要及时加固荫棚系统。

#### 7.6 浇水与排水

##### 7.6.1 浇水

在干旱季节，土壤水分不足，往往会影响香荚兰的正常生长和幼荚发育，严重时叶片萎蔫变黄、茎蔓皱缩、落荚等，甚至由于干旱而枯死。因此，干旱季节应及时浇水（喷灌或滴灌）。浇水一般在傍晚（18:00以后）或者夜间土温不高时进行。

##### 7.6.2 排水

在雨季到来之前，认真检修香荚兰园内及四周的排水系统，将主排水沟与区间小排水沟进行清理疏通。大雨过后，逐园检查，及时排除园中积水。

## 7.7 荫蔽树的修剪和防护林的管理

### 7.7.1 荫蔽树的修剪

根据香荚兰不同生长期和不同季节对荫蔽度的要求，对荫蔽树进行适当的修剪，将荫蔽树高度控制在 1.5m～2.0m，培养荫蔽树在 1.2m～1.4m 高处的分枝 2～3 条，作为香荚兰的攀缘枝。

### 7.7.2 防护林的管理

及时修剪延伸到香荚兰棚架上的防护林枝条，避免台风到来时损坏荫棚系统。同时在防护林边缘挖条深 80cm～100cm，宽 30cm～40cm 的隔离沟，避免其庞大的根系与香荚兰争夺水肥。

## 7.8 土壤管理

定期监测香荚兰种植园土壤肥力水平和重金属元素含量，一般每 2 年检测 1 次，根据检测结果有针对地采取土壤改良措施。

## 7.9 人工授粉与控制落荚

### 7.9.1 人工授粉

香荚兰因为其花的结构特殊，无法进行昆虫等传媒的自然授粉，必须进行人工授粉。

#### 7.9.1.1 授粉时间

香荚兰一般在 3 月中下旬开始开花，5 月上旬基本结束。小花完全开放时间为清晨 6:00～9:00，随着气温的升高，11:00以后花被开始收拢逐渐闭合。香荚兰最佳授粉时间为当天上午 6:30～10:30，一般不宜超过中午 12:00，阴（雨）天小花开放会延迟，可适当延长授粉时间。

#### 7.9.1.2 授粉方法

左手中指和无名指夹住花的中下部，右手持授粉用具轻轻挑起唇瓣（蕊喙），再用左手拇指和食指夹住的另一条授粉用具或直接用左手拇指将花粉囊压向柱头，轻轻挤压一下即可。

### 7.9.2　控制落荚

香荚兰的果荚生长发育期具有严重的生理落荚现象，必须采取必要措施才能提高其产量。一般采取综合技术措施加以控制。

#### 7.9.2.1　农业措施

根据香荚兰植株的长势和株龄，早期摘除过多的花序及已有足数幼荚的花序上方的顶中花蕾。适时疏花、合理留荚，一般单株单条结荚蔓保留 8～10 个花序，每个花序留荚 8～10 条；5 月上旬修剪结穗上方抽生的侧蔓，5 月中旬进行全面摘顶。

#### 7.9.2.2　化学方法

加强各项田间管理，并结合根外追肥在幼荚发育期（末花期）定期喷施含硼（B）、锌（Zn）、锰（Mn）等微量元素的植物生长调节剂。

## 8　主要病虫害防治

按照"预防为主，综合防治"的原则，以农业措施防治为基础，科学使用化学防治，参照执行 GB 4285、GB/T 8321 中有关的农药使用准则和规定，实现病虫害的有效控制，并对环境和产品无不良影响。

### 8.1　香荚兰镰刀菌根（茎）腐病综合防治

#### 8.1.1　农业措施

香荚兰新植区严格检疫，选用无病种苗；加强田间管理，施足腐熟的基肥，不偏施氮（N）肥；及时适度灌溉，雨后及时排除田间积水；保持适度荫蔽，严格控制单株结荚量；田间劳作时尽量避免人为造成植株伤口；及时检查并清除病死株，重病茎蔓、叶片或果荚及时剪除并涂药保护切口，清除的植株病体及时带到园外较远地带集中烧毁。

### 8.1.2 药物防治

根系初染病的植株，用 50％多菌灵 800 倍液或 70％甲基硫菌灵 1 000 倍液淋灌病株及四周土壤 2～3 次（1 次/月）；茎蔓、叶片或果荚初染病时，及时用小刀切除感病部分，后用多菌灵粉剂涂擦伤口处，同时用 50％多菌灵 1 000 倍液或 70％甲基硫菌灵 1 000～1 500 倍液喷施周围的茎蔓、叶片和果荚。

### 8.2 香荚兰细菌性软腐病防治

### 8.2.1 农业措施

香荚兰新植区严格检疫，选用无病健壮的种苗；加强管理，多施有机肥，提高抗病能力；田间管理过程中尽量减少机械损伤，避免人为产生伤口；及时检查并清除病死植株，切除病蔓、病叶带到园外较远地方集中烧毁。

### 8.2.2 药物防治

雨季到来之前全面喷施一次 0.5％～1.0％波尔多液；将病蔓、病叶处理后及时喷施 500 万单位农用链霉素（珠海斗门应用技术研究所）800～1 000 倍液、47％加瑞农可湿性粉剂（日本进口）800 倍液、77％氢氧化铜可湿性粉剂（可杀得）500～800 倍液（日本进口）或 64％杀毒矾可湿性粉剂 500 倍液（日本进口）保护。每周检查处理 1 次，连续 2 次～3 次。

### 8.3 香荚兰炭疽病防治

### 8.3.1 农业措施

加强田间管理，施足基肥，避免过度荫蔽，保持通风透气，雨后及时排除积水，尽量避免人为碰伤；及时清除（最好选晴天）重病株的病蔓、病叶、病果，并带出园外集中烧毁，减少侵染源。

### 8.3.2 药物防治

初发病时剪除病叶、病果带出园外烧毁，并喷施 50％多菌灵 1 000 倍液或 75％百菌清 800 倍液或 0.5％～1.0％波尔多液，每 7d 1 次，连喷 2 次～3 次。

### 8.4 香荚兰疫病

#### 8.4.1 农业措施

选用无病健壮种苗，按园地规划以 0.2hm² 为一小区种植，避免大面积连片种植，施足基肥，及时适度灌溉，雨后及时排除积水。避免过度荫蔽，保持通风透气，尽量避免人为碰伤，及时清除病死株，切除重病茎蔓、病叶和染病果荚，并涂药保护切口，清除的植株病体带出园外集中烧毁。清除病株的地方，其土壤撒施生石灰粉或淋灌 77％氢氧化铜可湿性粉剂（可杀得）500～800 倍液消毒。

#### 8.4.2 药物防治

根系初染病的植株，用 25％瑞毒霉（甲霜灵）200 倍液或 40％乙磷铝（霜疫灵）200 倍液或 64％杀毒矾 500 倍液淋灌病株根颈部及四周土壤，每月 1 次，共 2 次～3 次；茎蔓叶片或果荚初染病时及时用小刀切除染病部分，随即用 1％波尔多液或瑞毒霉或杀毒矾或乙磷铝或可杀得喷施周围的茎蔓、叶片和果荚。

## 9 采收与加工

### 9.1 采收

#### 9.1.1 采收时间

在海南香荚兰种植区 10 月下旬至 11 月上旬鲜荚开始成熟，采收时间一般持续 2 个月左右（即 11 月初至翌年 1 月初完成）。云南西双版纳种植区的采收时间为 11 月底至翌年 2 月底，有的年份 3 月上旬才采收完（林下种植）。

#### 9.1.2 采收依据

香荚兰从开花授粉到果荚成熟的时间需 8 个月左右。当鲜荚从深绿色转为浅绿色，略微晕黄或果荚末端 0.2cm～0.5cm 处略见微黄时为最佳采收时期，一般每周采收 1～2 次。

## 9. 2　加工

将采收的香荚兰鲜荚在 24h 内进行分级、清洗、杀青，经酶促、干燥和陈化生香三道基本工序即成为成品香荚兰豆。具体按 NY/T 483—2002 执行。

**说明**

本标准由中华人民共和国农业部提出。

本标准由农业部热带作物及制品标准化技术委员会归口。

本标准起草单位：中国热带农业科学院香料饮料研究所。

本标准主要起草人：宋应辉、赵建平、赖剑雄、朱自慧、朱红英、宗迎。

# 附录三

# 香草兰病虫害防治技术规范
## (NY/T 2048—2011)

## 1 范围

本标准规定了香草兰主要病虫害防治原则、防治措施及推荐使用药剂。

本标准适用于香草兰主要病虫害的防治。

## 2 规范性引用文件

下列文件对于木文件的应用是必不可少的。凡是注日期的引用文件，仅注日期的版本适用于本文件。凡是不注日期的引用文件，其最新版本（包括所有的修改单）适用于本文件。

GB 4285 农药安全使用标准

GB/T 8321 农药合理使用准则

NY/T 362 香荚兰 种苗

NY/T 968 香荚兰栽培技术规程

## 3  主要病虫害及其发生危害特点

**3.1**  香草兰主要病害有香草兰疫病、根（茎）腐病、细菌性软腐病、白绢病、炭疽病，其发生特点参见附录 A。

**3.2**  香草兰主要害虫有可可盲蝽、拟小黄卷蛾、双弓黄毒蛾，及其发生特点参见附录 B。

## 4  主要病虫害防治原则

应遵循"预防为主，综合防治"的植保方针，从种植园整个生态系统出发，针对香草兰大田生产过程中主要病虫害种类的发生特点及防治要求，综合考虑影响病虫害发生、为害的各种因素，以农业防治为基础，加强区域性植物检疫，协调应用物理防治和化学防治等措施对病虫害进行安全、有效的控制。

### 4.1  植物检疫

培育无病虫种苗。应从无病虫区或病虫区中的无病虫香草兰选取优良插条苗，在苗圃培育无病虫种苗。种苗质量应符合 NY/T 362 的规定。

### 4.2  农业防治

**4.2.1**  建园时修筑灌溉排水系统，香草兰起垄种植，保证雨季田间不积水，旱季可灌溉。

**4.2.2**  加强施肥、覆盖物、除草引蔓、修剪等田间管理，使植株长势良好，提高抗性，并创造不利于病虫害发生发展的环境。田间管理严格按照 NY/T 968 的规定。

**4.2.3**  加强田间巡查监测。掌握病虫害发生动态，根据病虫害为害程度，及时采取控制措施。

**4.2.4**  搞好田间卫生。及时清除病株或地面的病叶、病蔓、病果荚，集中园外烧毁或深埋。修剪或采摘病叶、病蔓后要在当天喷施农药保护，防止病菌从伤口侵入。

## 4.3 化学防治

本标准推荐使用药剂防治应参照 GB 4285 和 GB/T 8321 中的有关规定，严格掌握使用浓度、使用剂量、使用次数、施药方法和安全间隔期。应进行药剂的合理轮换使用。

## 5 防治措施

### 5.1 香草兰疫病

#### 5.1.1 农业防治

**5.1.1.1** 加强栽培管理。种好防护林，做好香草兰园的修剪、理蔓和田间清洁等日常管理工作。防止茎蔓过度重叠堆积和大量嫩蔓横陈地表；修好浇灌排水沟，排水沟要畅通，做到雨后不积水。起垄种植，做到垄顶不积水，防止疫霉菌侵染香草兰茎蔓、根系。

**5.1.1.2** 及时清除感病部位。选晴天剪除病蔓、病叶和染病果荚并涂药保护切口。清除病株的地方，其病株四周土壤施生石灰或淋药消毒，以减少侵染来源，防止病害蔓延。清除的病组织晒干后集中烧毁。

#### 5.1.2 化学防治

每年授粉后至幼果期、夏秋季不抽梢期，须加强田间巡查，一旦发现嫩梢、幼果荚发病，应及早剪除并及时喷施农药。遇到连续降雨等有利于发病的气候条件，应抢晴及时喷药防治。特别对低部位（离地 40cm 以内）的茎蔓更要喷药保护，种植带地表亦应喷施杀菌剂，最大限度地减少梢腐、果荚腐、茎蔓腐的发生。可选用 25% 甲霜灵可湿性粉剂或 50% 烯酰吗啉可湿性粉剂或 25% 甲霜·霜霉可湿性粉剂或 69% 烯酰吗啉·锰锌可湿性粉剂或 72% 甲霜灵·锰锌可湿性粉剂 500 倍～800 倍液或 40% 乙磷铝可湿性粉剂 200 倍液或 64% 杀毒矾可湿性粉剂 500 倍液等药剂喷施植株茎蔓、叶片和果荚及四周土壤。每周喷药 1 次，连喷 2 次～3 次。以上药剂需轮换使用。

### 5.2 香草兰根（茎）腐病

#### 5.2.1 农业防治

**5.2.1.1** 严格选用无病种苗。应从健康蔓上剪取插条苗，在苗圃培育无病种苗，直接割苗种植时，用 50% 多菌灵或 70% 乙磷铝锰锌可湿性粉剂 800 倍液浸苗 1min。

**5.2.1.2** 加强田间管理，施腐熟的基肥，不偏施氮肥；及时适度灌溉，雨后及时排除田间积水；控制土壤含水量，保持园内通风透光，保持适度荫蔽，严格控制单株结荚量；田间劳作时尽量避免人为造成植株伤口。

#### 5.2.2 化学防治

**5.2.2.1** 选择干旱季节或雨季晴天及时清除重病茎蔓、叶片、果荚并于当天涂药或喷施农药保护切口。根系初染病时，用 50% 多菌灵可湿性粉剂 800 倍液或 70% 甲基硫菌灵可湿性粉剂 1 000 倍液或粉锈宁可湿性粉剂 500 倍液淋灌病株及四周土壤，每月 1 次，连续喷药 2 次～3 次。

**5.2.2.2** 茎蔓、叶片或果荚初染病时，及时用小刀切除感病部分，后用多菌灵粉剂涂擦伤口处，同时用 50% 多菌灵可湿性粉剂 1000 倍液或 70% 甲基硫菌灵可湿性粉剂 1 000 倍～1 500 倍液喷施周围的茎蔓、叶片或果荚。

### 5.3 香草兰细菌性软腐病

#### 5.3.1 农业防治

**5.3.1.1** 加强田间管理，多施有机肥，提高植株抗病力；田间管理过程中尽量减少机械损伤，避免人为造成伤口。

**5.3.1.2** 选高温干旱季节（3 月～5 月），每隔 4 天摘病叶、剪病蔓 1 次并于当天喷施农药保护。

**5.3.1.3** 严禁管理人员在雨天或早晨有露水时在香草兰园内操作；雨季经常检查（晴天方可进行），发现病叶、病蔓及时剪除并于当天喷药保护；有台风预报，应在台风前做好检查防病工作。

**5.3.1.4** 此病发生时，发现害虫为害应及时治虫（方法见害虫防治），防止害虫传播病菌。

**5.3.2 化学防治**

雨季到来之前全面喷施 0.5%～1.0% 波尔多液 1 次；将病蔓、病叶处理后及时喷施 500 万单位农用链霉素可湿性粉剂 800 倍～1 000 倍液或 47% 春雷氧氯铜可湿性粉剂 800 倍液或 77% 氢氧化铜可湿性粉剂 500 倍～800 倍液或 64% 杀毒矾可湿性粉剂 500 倍液保护。每周检查和喷药 1 次，连续喷 2 次～3 次，全株均喷湿，冠幅下的地面也喷药，以喷湿地面为度。连续数日降雨后或台风后，抢晴天轮换喷施以上农药。

**5.4 香草兰白绢病**

**5.4.1 农业防治**

**5.4.1.1** 种植前土壤应充分暴晒，并用噁霉灵进行消毒处理。

**5.4.1.2** 禁止使用未腐熟的堆肥、椰糠等地面覆盖物和未经充分堆沤的垃圾土。

**5.4.1.3** 重点做好香草兰入土和贴近地面茎蔓以及种植带面感病杂草指示病区的防治。

**5.4.2 化学防治**

加强田间巡查，发现病株要及时清除病茎蔓、病叶、病果荚和病根，集中清出园外深埋或烧毁，并于当天喷药保护，可选用 40% 菌核净可湿性粉剂 1 000 倍液或 50% 腐霉利可湿性粉剂 1 000 倍液或 70% 噁霉灵可湿性粉剂 2 000 倍液或 70% 甲基硫菌灵可湿性粉剂 1 000 倍液喷施植株及地面土壤、覆盖物。病株周围的病土选用 1％波尔多液或 70％噁霉灵可湿性粉剂 500 倍液进行消毒。

### 5.5 香草兰炭疽病

### 5.5.1 农业防治

加强田间管理，施足基肥，避免过度光照，保持通风透气，雨后及时排除积水，田间操作尽量避免人为造成伤口，提高植株抗病能力。

### 5.5.2 化学防治

选晴天及时清除病蔓、病叶、病果荚及地面病残组织于种植园外，待晒干后烧毁，并于当天喷施农药保护。选用 50％甲基硫菌灵可湿性粉剂 1 000 倍或 50％多菌灵可湿性粉剂 800 倍液或 75％百菌清可湿性粉剂 800 倍液或 40％灭病威可湿性粉剂 800 倍液或 0.5％～1.0％波尔多液等喷洒植株进行防治。每隔 7d～10d 喷 1 次，连喷 2 次～3 次。

### 5.6 可可盲蝽

### 5.6.1 农业防治

加强田间管理，及时消除园中杂草和周边寄主植物，减少盲蝽的繁殖滋生场所。

### 5.6.2 化学防治

重点抓好每年 3 月～5 月香草兰开花期和虫口密度较大时喷药保护。喷药时间选在早上 9 时前或下午 4 时后，选用 20％氰戊菊酯乳油 6 000 倍液或 1.8％阿维菌素乳油 5 000 倍液或 50％杀螟松乳油 1 500 倍液或 50％马拉硫磷乳油 1 500 倍液喷施嫩梢、花芽及幼果荚。每隔 7d～10d 喷药 1 次，连喷 2 次～3 次。

### 5.7 香草兰拟小黄卷蛾

#### 5.7.1 农业防治

加强栽培管理和田间巡查，发现被害嫩梢应及时处理。不要在香草兰种植园四周栽种甘薯、铁刀木、变叶木等寄主植物，杜绝害虫从这些寄主植物传到香草兰园。

#### 5.7.2 生物防治

注意保护和充分利用小茧蜂、蜘蛛等天敌，尽量少施药，保护好田园生态系统，为天敌创造一个良好的生存环境。

#### 5.7.3 化学防治

每年的9月中旬和12月中旬，发现虫口数量较多时，为迅速控制虫口的发展，可喷施农药防治。选用40%毒死蜱乳油1 000倍～2 000倍液或1.8%阿维菌素乳油1 000倍～2 000倍液喷洒嫩梢、花及幼果荚，每隔7d～10d喷药1次，连喷2次～3次。1月下旬或2月上旬，根据虫口发生数量，可再进行1次防治。

### 5.8 双弓黄毒蛾

#### 5.8.1 农业防治

5.8.1.1 冬季修剪老枝蔓时，寻找越冬蛹，集中杀死；或产卵盛期铲除卵堆；成虫盛期利用诱捕灯大量捕杀成虫；并结合田间管理人工捕杀幼虫。

5.8.1.2 加强栽培管理和田间巡查，发现被害嫩梢应及时处理。注意保护和充分利用天敌，尽量少施药，保护好田园生态系统，为天敌创造一个良好的生存环境。

#### 5.8.2 化学防治

在幼虫盛期（6月～7月）用2.5%高效氯氟氰菊酯乳油1 000倍液喷雾。尽量在幼虫还没有分散开时喷施。

# 附　录　A

## （资料性附录）

## 香草兰主要病害及其发生特点

| 主要病害名称 | 发生特点 |
|---|---|
| 香草兰疫病 | 　　由烟草疫霉（寄生疫霉）侵染引起。茎蔓、叶片、果荚均能发病，以嫩梢、嫩叶、幼果荚和低部位（离地 40cm 以内）的蔓、梢、花序和果荚更易发病。在田间多数从嫩梢开始感病。发病初期嫩梢尖出现水渍状病斑，后病斑渐扩至下面第二至三节，呈黑褐色软腐，病梢下垂，有的叶片呈水泡状内含浅褐色液体，并有黑褐色液体渗出。湿度大时，在病部可看到白色棉絮状菌丝。花和果荚发病初期出现不同程度的黑褐色病斑。随病情扩展，病部腐烂，后期感病的叶片、果荚脱落，茎蔓枯死，造成严重减产。<br>　　主要在高温多雨季节发生流行，分布广，传播快，容易酿成流行。在云南西双版纳，每年 7 月～8 月份高温多雨时期，露地栽培的香草兰疫病发生普遍。在海南植区，该病一年有两个发病高峰期。即 4 月下旬至 6 月上旬和 9 月中旬至 11 月上旬发病较严重。 |
| 香草兰镰刀菌根（茎）腐病 | 　　由尖镰孢菌香草兰专化型侵染引起。病菌主要为害香草兰的地下根和气生根，使根部变褐色腐烂。根被破坏，蔓和叶随之变软，变黄绿色，而后萎蔫。香草兰植株最终会因为根系的破坏而死亡。病菌也引起蔓腐，患病部位以上的蔓停止生长，最后萎蔫致死。在潮湿条件下，病部出现橘红色黏状物，即病原菌的分生孢子团。<br>　　该病周年发生，随着种植时间延长，病情会越来越严重。侵染来源是土壤、带菌种苗、病株残余以及未腐熟的土杂肥。病菌依靠 |

（续）

| 主要病害名称 | 发生特点 |
|---|---|
| 香草兰镰刀菌根（茎）腐病 | 　　风雨、流水、农事操作和昆虫等传播。通过有病的插条苗进行远距离传播。病菌主要从伤口侵入根部，也可直接侵入根梢。病害的发生发展与管理水平及周围的环境有关。管理精细，在土表或根圈施有机肥、落叶或锯末等覆盖，营养充足，干旱及时进行灌溉，植株长势旺盛的病情较轻；反之，管理粗放，在地表、根圈没有施用有机肥的，结荚过多，营养缺乏，根系少，干旱不及时浇灌，植株长势弱的，病情较重。 |
| 香草兰细菌性软腐病 | 　　由胡萝卜果胶菌胡萝卜亚种侵染引起。主要为害香草兰嫩梢、茎蔓和叶片。叶片受侵染的部位初时呈水渍状，随后水渍状病痕扩展迅速，叶肉组织浸离，软腐塌萎，病痕的边缘出现褐色线纹。在潮湿情况下病部渗出乳白色细菌溢脓。在干燥情况下，腐烂的病叶呈干茄状。<br>　　该病在海南省各植区周年都有发生。每年4月～10月发病较重，11月至翌年3月发病较轻。多雨、高湿是病害发生发展的重要因素，而台风雨是病害流行的主导因素。带病种苗、病株、病残体、株下表层土壤以及其他寄主植物是本病的侵染来源。病原菌可从伤口侵入寄主。风雨、农事操作以及在植株上取食或爬行的昆虫和软体动物是本病菌的传播媒介。 |
| 香草兰白绢病（小核菌根、茎腐病） | 　　由齐整小菌核菌侵染引起。病菌以菌核或菌丝在土壤中或病残体上度过干旱等不良环境。当土壤湿度大时，与地面覆盖物接触的香草兰根、茎、叶和荚果便受到病菌浸染而发病。发病初期在土壤表面的茎蔓出现水渍状淡褐色软腐，后逐渐变为深褐色并腐烂。土壤湿度大时可见白色绢丝状菌丝覆盖病部和四周地面，后产生大量小菌核。菌核球形、扇球形或不规则形，初为白色，后渐变为黄色、黄褐色至黑褐色。一片叶上可形成菌核50粒～80粒，多时可达100粒以上。在发病初期，病部以上部分均正常，但到后期已逐渐萎蔫，最后枯死。<br>　　地面覆盖物丰厚的潮湿环境下易发病。特别是在雨季，雨水多，湿度大，温度高，病害易流行。在苗圃中由于植株密植、湿度较大，白绢病较易发生且发病严重，造成种苗大量死亡。病菌在田间借流水、灌溉水、雨水溅射、施肥或昆虫传播蔓延。 |

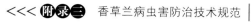 

（续）

| 主要病害名称 | 发生特点 |
|---|---|
| 香草兰炭疽病 | 　　由盘长孢状刺盘孢侵染引起。叶片发病初期病部出现点状黑褐色或棕色水渍状小斑点，逐渐扩展形成近圆形或不规则形的下陷大病斑，病斑边缘不明显，高温高湿条件下，病斑上出现粉红色黏状物（病原菌分生孢子团）。当感病组织呈干缩状时，病斑中央变为灰褐色或灰白色，呈薄膜状，其上散生大量小黑点，病斑边缘仍留有一条狭窄的深褐色环带。该病最终导致香草兰叶片、茎蔓、果荚局部干枯坏死，严重的可导致整条蔓死亡。<br>　　本病周年均可发生，在 4 月～9 月高温高湿季节发生较严重。病菌借风雨、露水或昆虫传播，从伤口或自然孔口侵入寄主。种植园密植、荫蔽度大、失管荒芜、田间积水、缺肥、通风不良、高湿闷热等最易发生此病。 |

附　录　B

（资料性附录）

香草兰主要害虫及其发生特点

| 主要害虫名称 | 发生特点 |
|---|---|
| 可可盲蝽 | 可可盲蝽为害香草兰的嫩叶、嫩梢、花、幼果荚及气生根。以成、若虫刺吸香草兰幼嫩组织的汁液，致使被害后的嫩叶、嫩梢及幼果荚凋萎、皱缩、干枯。中后期被害部位表面呈现黑褐色斑块，由于失水最后产生硬疤，严重影响香草兰植株的生长和产量。该虫不为害老化的叶片和茎蔓。<br>可可盲蝽在海南1年发生10代～12代，全年均可发育繁殖，世代重叠，无越冬现象。该虫寄主范围广，在兴隆地区的主要寄主植物有30多种。该虫的发生与温湿度、荫蔽度和栽培管理关系密切。每年4月～5月和9月～10月为发生高峰期。温度20℃～30℃、湿度80%以上最适宜该虫生长繁殖。栽培管理不当、园中杂草不及时清除、周围防护林种植过密、寄主范围多的种植园虫口密度大，为害较重。 |
| 香草兰拟小黄卷蛾 | 香草兰拟小黄卷蛾主要为害香草兰嫩梢、嫩叶和花苞。在田间，低龄幼虫钻入香草兰生长点与其未展开的叶片间为害；高龄幼虫则在嫩梢结网为害。1个嫩梢仅1头虫为害，1头幼虫一般可为害3个～5个嫩梢。经幼虫取食过的嫩梢和花苞一般不能正常生长，有些甚至枯死。该虫还可携带传播软腐病，更加剧了为害的严重性。 |

（续）

| 主要害虫名称 | 发生特点 |
|---|---|
| 香草兰拟小黄卷蛾 | 该虫的发生与温湿度、降水量有密切的关系，在一年中危害分为4个阶段：第1阶段为6月上旬至7月下旬，此阶段虫口数量呈下降趋势；第2阶段为8月，此阶段看不到幼虫，处于越夏阶段；第3阶段为9月上旬至12月上旬，幼虫经越夏后数量开始回升，并在10月中旬和11月中旬各达到1次高峰，11月下旬虫口密度开始下降；第4阶段为12月中旬至翌年5月下旬，虫口密度再次回升，并在翌年的1月上旬、2月中旬、4月中旬和5月下旬，各出现1次高峰。因此，防治该虫的重点，应放在第3阶段和第4阶段。 |
| 双弓黄毒蛾 | 双弓黄毒蛾是西双版纳香草兰种植园的主要害虫之一。幼虫咬食香草兰的嫩叶、嫩梢、气生根及腋芽，使香草兰推迟投产。被害香草兰，虫口密度平均8.04头/株，最多达25头/株。<br>该虫在云南西双版纳香草兰种植园每年发生2代，以幼蛹越冬。越冬蛹于翌年2月开始羽化，2月上旬开始见蛹，成虫盛发期在5月～6月，幼虫盛发期在6月～7月。幼虫一、二龄群居，多栖息在水泥柱、香草兰藤蔓上，食量不大，咬食成缺刻状。卵堆多产在水泥柱和叶背面。成虫雄多雌少，雌雄比1∶5；白天多栖息在地面杂草上，少量在遮阳网和香草兰上。蛹多在水泥柱孔洞中和地面覆盖物中越冬。 |

## 附录四

# 香草兰栽培技术规程
## (DB46/T 277—2014)

### 1 范围

本标准规定了香草兰种植园园地选择、园地规划、园地准备、定植、田间管理、病虫害防治、台风应急处理、采收等技术要求。

本标准适用于香草兰的栽培。

### 2 规范性引用文件

下列文件对于本文件的应用是必不可少的。凡是注日期的引用文件，仅所注日期的版本适用于本文件。凡是不注日期的引用文件，其最新版本（包括所有的修改单）适用于本文件。

NY/T 362 香荚兰 种苗

NY/T 2048 香草兰病虫害防治技术规范

NY 5023 无公害食品 热带水果产地环境条件

## 3 园地选择

### 3.1 立地条件

选择近水源，地下水位距地表 1m 以上，有良好防风屏障、较静风的缓坡地或平地建园。坡度 10° 以上不宜建园。

### 3.2 气候条件

选择年均气温不低于 23℃，最冷月平均气温不低于 17℃ 区域建园。

### 3.3 土壤条件

选择土层深厚、有机质丰富、微酸性、物理性状良好的地块建园。

### 3.4 环境条件

灌溉水、土壤和空气质量符合 NY 5023 的规定。

## 4 园地规划

### 4.1 小区

小区面积以 1hm² 为宜，长方形或正方形。

### 4.2 道路

道路包括主干道、支道和田间小道。其中主干道宽 3m～4m，与园外道路相连；支道宽 2m～2.5m，与主干道相连；田间小道宽 1m，与支道相连。规模较大种植园以加工厂总部为中心，与各区、片、块有道路相通，规模较小种植园建设支道和田间小道即可。

### 4.3 排灌

种植园周围设环园沟，沟宽 40cm、深 30cm～50cm；园内设主排水沟和行间排水沟，主排水沟宽 40cm、深 30cm～40cm，行间排水沟宽 40cm～60cm、深 10cm～20cm。人工荫棚栽培宜设倒挂式喷灌，活荫蔽栽培宜设高头喷灌。

### 4.4 防风林

结合小区、道路、排灌设置防风林，林带宽 4.5m～6m。可种植木麻黄、母生、竹柏等抗风能力强的树种，株行距 1m×1.5m，距离种植园 4m～5m。

### 4.5 堆肥点

有机肥堆沤点宜设在主干道旁边，远离居民点，每小区设 1 个，面积 100m$^2$ 左右。

## 5 园地准备

### 5.1 园地开垦

定植前 3～4 个月对园地进行全垦，深度 20cm～30cm，清理树根、杂草、石头等杂物。坡度 10°以下的缓坡地等高开垦。若在槟榔等园地间种香草兰，定植前也应适当整地。

### 5.2 荫棚建设

**5.2.1** 棚架高度 2.0m；以石柱、水泥柱等作为棚架支柱和攀缘柱。

**5.2.2** 棚架支柱截面长 12cm～15cm、宽 10cm～12cm，柱高 260cm～280cm，入土深度为 60cm～80cm；棚架支柱间距 3.6m，行距 4.8m，隔 1 行架设镀锌水管支撑棚架，余下的行可用钢筋或铁线代替。

**5.2.3** 攀缘柱截面长 10cm～12cm、宽 8cm～10cm，柱高 160cm～180cm，入土深度为 40cm。攀缘柱间距 1.2m，行距 1.6m，用 10♯镀锌铁线将整行攀缘柱相连，并在攀缘柱两侧离地 1.2m 处固定。

**5.2.4** 遮光网走向与镀锌水管走向（即香草兰行向）一致，并固定于棚架顶部，应可收放，垂直行的网上部再架设钢筋或 10♯

镀锌铁线。遮光网荫蔽度为 60％。

### 5.3 间作园建设

可选择槟榔园、椰子园等间作香草兰，以园内作物作为荫蔽树。若以槟榔作荫蔽树，宜选择 5 年生以上、株行距为 2m～2.5m、林相整齐、地势较平、排灌条件良好的槟榔园。在活荫蔽树行间定植，需增设攀缘柱，攀缘柱材质、规格和建设方法同 5.2.3；行上种植则以园内作物为攀缘柱。

### 5.4 畦面准备

每公顷均匀撒施石灰粉 450kg～600kg 进行土壤消毒后等高起畦，畦面呈龟背形，走向与攀缘柱或槟榔等活荫蔽树的行向一致，畦面宽 80cm，高 15cm～20cm，攀缘柱或活荫蔽树在畦的中央。

### 5.5 基肥

将充分腐熟的牛粪等有机肥均匀撒施于畦面，用量为每公顷 50m$^3$～60m$^3$。

### 5.6 畦面覆盖

在畦面上匀铺腐熟的椰糠，用量为每公顷 40m$^3$～50m$^3$。

## 6 定植

### 6.1 种苗质量

应符合 NY/T 362 的规定。

### 6.2 定植时间

适宜定植季节为春季（4～5 月）和秋季（9～10 月）。春季干旱缺水的地区宜秋季定植。

### 6.3 定植密度

人工荫棚每公顷种植 10 000～11 000 株。每条攀缘柱两侧与畦面平行各植 1 株。

## 6.4 定植方法

**6.4.1** 从母株上直接选取的种苗，用1‰波尔多液等药剂对切口进行消毒处理后，置于阴凉处2d～3d再运输或定植。在定植位置开一条深2cm～3cm的浅沟，将苗平放于浅沟中，盖上1cm～2cm覆盖物，苗顶端指向攀缘柱，露出各节叶片和末端切口，茎蔓顶端用软质材料制成的细绳轻轻固定于攀缘柱或活荫蔽树上。植后不宜淋定根水。

**6.4.2** 苗圃繁育的种苗要及时运输和定植，定植方法同6.4.1，并用覆盖物将新根覆盖。

## 7 田间管理

### 7.1 植后管理

#### 7.1.1 淋水

定植后第3天开始淋水，在新根抽发前每隔2d～3d淋水一次，成活后淋水次数可逐渐减少。

#### 7.1.2 查苗补苗

植后30d内，每隔4d全面查苗、补苗；及时处理病苗，具体按照NY/T 2048的规定执行。

### 7.2 水分管理

及时灌溉，保持香草兰园内空气湿度80%以上，土壤田间持水量在60%～75%。在雨季来临之前和大雨过后，应清除排水沟内的污泥、枯枝落叶等垃圾，及时修复被雨水冲坏的畦面。

### 7.3 施肥

#### 7.3.1 施肥原则

施用有机肥为主，少施化肥，不宜长期单纯施用化肥。

#### 7.3.2 有机肥

幼龄园每年施腐熟有机肥1～2次，成龄园每年施2～3次，施用量每次每公顷 45m³～60m³。在堆沤有机肥过程中，宜根据土壤酸碱状况加入适量钙镁磷肥。

### 7.3.3 根外追肥

#### 7.3.3.1 幼龄园

每月淋施 1～3 次复合肥（15‑15‑15）和尿素，浓度为每 100kg 水加复合肥和尿素各 0.5kg，用水量为每公顷 13 000kg～15 000kg。

#### 7.3.3.2 成龄园

每月淋施 2～3 次复合肥（15‑15‑15）和尿素，浓度同幼龄园，用水量为每公顷 15 000kg～20 000kg。4～6 月，每月喷施 2～3 次硫酸钾，每 100kg 水加硫酸钾 0.5kg，用水量为每公顷 650kg～700kg；10～12 月，每月喷施 1～2 次磷酸二氢钾，每 100kg 水加磷酸二氢钾 0.3kg，用水量为每公顷 650kg～700kg。

### 7.4 除草与覆盖

#### 7.4.1 除草

畦面人工拔除杂草，行间用锄头、铁锹等工具除草，应避免损伤根系。

#### 7.4.2 覆盖

采用腐熟的椰糠对畦面周年覆盖。幼龄园保持畦面覆盖物厚 3cm～4cm；成龄园除 12 月中旬到 1 月中旬外，也应定期补充覆盖物，厚度与幼龄园相同。

### 7.5 引蔓与修剪

#### 7.5.1 引蔓

新抽生的茎蔓应及时用软质材料制成的细绳轻轻固定于攀缘柱上。当茎蔓长到 1m～1.5m 时，将其悬吊于攀缘柱间铁线上，环绕成圈。

### 7.5.2 修剪

每年 11 月底至 12 月初对成龄园进行修剪，剪除上年已开花结荚的老茎蔓及弱、病茎蔓，同时摘去顶端 4 至 5 个茎蔓节，并及时抹除摘顶后 30d～45d 内的萌芽。5 月上旬，两条攀缘柱之间保留 2～3 条侧蔓，剪除其余侧蔓，5 月中旬对保留的侧蔓进行摘顶。

### 7.6 荫蔽树的修剪

每年 11 月上旬至中旬，修剪槟榔等活荫蔽树下垂枝叶并覆盖于畦面。

### 7.7 土壤管理

采用增施生物有机肥、施用石灰、放养蚯蚓等措施改良土壤。

### 7.8 防风林管理

及时修剪延伸到种植园内的防风林树枝叶。

### 7.9 人工授粉

### 7.9.1 授粉时间

最佳授粉时间为上午 6：30～10：30。如遇阴（雨）天，授粉时间可适当顺延。

### 7.9.2 授粉方法

采用指拨签压法，即左手中指和无名指夹住花的中下部，右手持长 8cm～10cm、粗 0.5mm～1.5mm 的竹签等授粉用具轻轻挑起唇瓣（蕊喙），再用左手持另一条授粉用具或直接用左手拇指将花粉囊轻轻压向柱头。

### 7.10 疏花疏荚

根据香草兰植株的长势和株龄，适时疏花、合理留荚，一般每条茎蔓保留 8～10 个花序，每个花序留豆荚 8～10 条。

## 8 病虫害防治

按照 NY/T 2048 的规定执行。

## 9 台风应急处理

在台风来临之前，全园喷施 200 万单位的农用链霉素 600 倍液或 50%多菌灵可湿性粉剂 800 倍液等杀菌剂，并打开遮光网接口。台风过后，及时理顺茎蔓，清理植株落叶、断蔓及荫蔽树断枝叶，清理后当天喷药，逐块进行。

## 10 采收

10 月下旬至翌年 1 月上旬采收。当豆荚颜色从深绿色转为浅绿、略微晕黄时，或豆荚末端 2mm～5mm 呈浅黄、荚的两条纵线明显变浅色或略带微黄时，应及时采收。一般每 5d～7d 采收一次。

### 说明

本标准按照 GB/T 1.1—2009 给出的规则起草。

本标准由中国热带农业科学院香料饮料研究所提出。

本标准由海南省农业厅归口。

本标准起草单位：中国热带农业科学院香料饮料研究所。

本标准主要起草人：王辉、朱自慧、王华、庄辉发、宋应辉、谭乐和、赵青云、赵秋芳。

# 附录五

# 香荚兰 种苗

## （NY/T 362—2016）

## 1　范围

　　本标准规定了香荚兰种苗的术语定义，要求，检验方法，检验规则，包装、标识、运输和贮存。

　　本标准适用于墨西哥香荚兰母蔓和插条苗的质量检验，也可作为大花香荚兰、塔希提香荚兰和帝皇香荚兰等香荚兰属其他种的种苗质量检验参考。

## 2　规范性引用文件

　　下列文件对于本文件的应用是必不可少的。凡是注日期的引用文件，仅所注日期的版本适用于本文件。凡是不注日期的引用文件，其最新版本（包括所有的修改单）适用于本文件。

　　GB 9847　苹果苗木

　　GB 15569　农业植物调运检疫规程

　　中华人民共和国国务院令第 98 号　植物检疫条例

中华人民共和国农业部令第 5 号 植物检疫条例实施细则（农业部分）

## 3　术语和定义

下列术语和定义适用于本文件。

**3.1**

**母蔓 mother-vine cutting**

选取增殖圃中 1～3 年内抽生的尚未开花结荚的茎蔓，去除尾部两个节后，分割成若干条，直接种植的茎蔓。

**3.2**

**插条苗 cutting plant**

增殖圃中 1～3 年内抽生的尚未开花结荚的茎蔓，去除尾部两个节，分割成若干条，经扦插生根后获得的种苗。

**3.3**

**根节 root nodes**

插条长根的节。

## 4　要求

### 4.1　基本要求

品种纯度≥95％；无检疫性病虫害；无明显机械损伤；生长正常，无病虫为害。

### 4.2　分级

### 4.2.1　母蔓

母蔓分级应符合表 1 的规定。

表 1　母蔓分级指标

| 项目 | 一级 | 二级 |
|---|---|---|
| 母蔓长度，cm | 80～100 | 60～79 |
| 母蔓粗度，mm | ＞8 | 6～8 |
| 腋芽数，个 | ≥5 | 4 |

### 4.2.2　插条苗

插条苗分级应符合表 2 的规定。

表 2　插条苗分级指标

| 项目 | 一级 | 二级 |
|---|---|---|
| 新蔓长度，cm | ＞40 | 30～40 |
| 新蔓粗度，mm | ＞6 | 4～6 |
| 根节数，个 | ≥3 | 2 |

## 5　检验方法

### 5.1　纯度

将种苗按附录 A 逐株用目测法检验，根据其品种的主要特征，确定本品种的种苗数。纯度按公式（1）计算。

$$X = \frac{A}{B} \times 100 \qquad （1）$$

公式中：

$X$——品种纯度，单位用百分率表示（％），精确到 0.1％；

$A$——样品中鉴定品种株数，单位为株；

$B$——抽样总株数，单位为株。

### 5.2　疫情

按 GB 15569、中华人民共和国国务院《植物检疫条例》和中华人民共和国农业部《植物检疫条例实施细则（农业部分)》的有关规定执行。

## 5.3 外观

用目测法检测植株的生长情况、病虫害、机械损伤、茎叶是否失水萎蔫等状况；苗龄根据育苗档案核定。

## 5.4 母蔓长度

用卷尺测量切口至茎顶端蔓之间的长度，单位 cm，精确到 1cm。

## 5.5 母蔓粗度

用游标卡尺测量基部切口以上第 2 个节中部的最大直径，单位 mm，精确到 1mm。

## 5.6 腋芽数

用目测法观测母蔓的腋芽数量。

## 5.7 新蔓长度

用卷尺测量新蔓基部至顶端完全展开叶片处茎蔓之间的直线长度，单位 cm，精确到 1cm。

## 5.8 新蔓粗度

用游标卡尺测量新蔓基端以上第 2 个节中部的最大直径，单位 mm，精确到 1mm。

## 5.9 根节数

用目测法观测插条苗的根节数量。

将检测结果记入附录 B 和附录 C 中。

# 6 检验规则

## 6.1 组批和检验地点

同一批种苗作为一个检验批次。检验限于种苗增殖圃、苗圃或种苗装运地进行。

## 6.2 抽样

按 GB 9847 中的规定执行。

## 6.3 判定规则

**6.3.1** 一级苗：同一批检验的一级种苗中，允许有 5% 的种苗不低于二级苗要求。

**6.3.2** 二级苗：同一批检验的二级种苗中，允许有 5% 的种苗不低于 4.1 的要求。

**6.3.3** 不符合 4.1 要求的种苗，判定为不合格种苗。

## 6.4 复检规则

对检验结果产生异议的，应加倍抽样复验一次，以复验结果为最终结果。

## 7 包装、标识、运输和贮存

## 7.1 包装

取苗后喷施 50% 多菌灵可湿性粉剂 500 倍液进行消毒，然后用草绳、麻袋或纤维袋等透气性材料进行头尾两道捆绑，两头开口，一般 20 株/捆。

## 7.2 标识

种苗出圃时应附有质量检验证书和标签。推荐的检验证书格式参见附录 D，推荐的标签格式参见附录 E。

## 7.3 运输

按不同级别装运，装苗前车厢底部应铺设一层保湿材料，分层装卸，每层厚度不超过 3 捆。运输过程中，应保持通风、透气、保湿、防晒、防雨。

## 7.4 贮存

运达目的地后，将种苗摊放在阴凉处，母蔓应炼苗 1d～2d 后，在晴天定植；插条苗应洒水保湿，在起苗 1d～2d 天内完成定植。

# 附 录 A

## （资料性附录）

### 墨西哥香荚兰特征特性

茎浓绿色，圆柱形，肉质有黏液，茎粗 0.4cm～1.8cm，节间长 5 cm～15cm，不分枝或分枝细长。叶互生，肉质，披针形或长椭圆形，长 9cm～23cm，宽 2cm～8cm。花腋生，总状花序，一般有小花 20～30 朵，花朵浅黄绿色，唇瓣喇叭形，花盘中央有丛生绒毛。荚果长圆柱形，长 10cm～25cm，直径 1.0cm～1.5cm，成熟时呈浅黄绿色。种子褐黑色，大小为 0.20mm～0.25mm。

# 附 录 B

## （资料性附录）

### 香荚兰母蔓质量检测记录

表 B.1 香荚兰母蔓质量检测记录表

品 种：_____　　　　　No. ：_____

育苗单位：_____　　　　购苗单位：_____

出圃株数：_____　　　　抽检株数：_____

| 样株号 | 母蔓长度<br>cm | 母蔓粗度<br>mm | 腋芽数<br>个 | 初评级别 |
|--------|--------|--------|--------|--------|
|  |  |  |  |  |
|  |  |  |  |  |
|  |  |  |  |  |
|  |  |  |  |  |
|  |  |  |  |  |
|  |  |  |  |  |
|  |  |  |  |  |

（续）

| 样株号 | 母蔓长度<br>cm | 母蔓粗度<br>mm | 腋芽数<br>个 | 初评级别 |
|--------|---------------|---------------|-------------|----------|
|        |               |               |             |          |
|        |               |               |             |          |
|        |               |               |             |          |
|        |               |               |             |          |
|        |               |               |             |          |
|        |               |               |             |          |
|        |               |               |             |          |

审核人（签字）：　　校核人（签字）：　　检测人（签字）：　　检测日期：年　月　日

# 附　录　C

## （资料性附录）

### 香荚兰插条苗质量检测记录

表 C.1　香荚兰插条苗质量检测记录表

品　　　种：_____　　　　　　　　No.：_____

育苗单位：_____　　　　　　购苗单位：_____

出圃株数：_____　　　　　　抽检株数：_____

| 样株号 | 新蔓长度<br>cm | 新蔓粗度<br>mm | 根节数<br>个 | 初评级别 |
|--------|---------------|---------------|-------------|----------|
|        |               |               |             |          |
|        |               |               |             |          |
|        |               |               |             |          |
|        |               |               |             |          |
|        |               |               |             |          |
|        |               |               |             |          |
|        |               |               |             |          |
|        |               |               |             |          |

（续）

| 样株号 | 新蔓长度<br>cm | 新蔓粗度<br>mm | 根节数<br>个 | 初评级别 |
|---|---|---|---|---|
|  |  |  |  |  |
|  |  |  |  |  |
|  |  |  |  |  |
|  |  |  |  |  |
|  |  |  |  |  |
|  |  |  |  |  |

审核人（签字）：　校核人（签字）：　检测人（签字）：　检测日期：　年　月　日

# 附　录　D
## （资料性附录）
## 香荚兰种苗质量检验证书

表 D.1　香荚兰种苗质量检验证书

| 育苗单位 |  | 购苗单位 |  |
|---|---|---|---|
| 种苗数量 |  | 品种 |  |
| 检验结果 | 一级：　　　　株 | 二级：　　　　株 |  |
| 检验意见 |  |  |  |
| 证书签发日期 |  | 证书有效期 |  |
| 检验单位 |  |  |  |
| 注：本证一式叁份，育苗单位、购苗单位、检验单位各壹份。 |  |  |  |

审核人（签字）：　　　　校核人（签字）：　　　　检测人（签字）：

附 录 E

(资料性附录)

香荚兰种苗标签

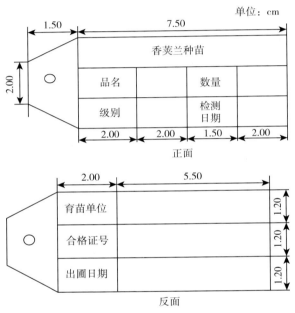

图 E.1 香荚兰种苗标签

注:标签用 150g 纯牛皮纸,标签孔用金属包边。

**说明**

本标准由中华人民共和国农业部农垦局提出。

本标准由农业部热带作物及制品标准化技术委员会归口。

本标准起草单位:中国热带农业科学院香料饮料研究所。

本标准主要起草人:王华、王辉、朱自慧、宋应辉、庄辉发、赵青云、顾文亮、邢诒彰。